压力容器目视检测技术丛书

压力容器目视检测缺陷分析

王纪兵　侍吉清　陈　轩　王洁璐　编著

中国石化出版社

内 容 提 要

本书详细介绍了压力容器目视检测中发现缺陷的产生原因，预测缺陷发展趋势，提出缺陷预防措施，同时展望了压力容器目视检测技术的发展趋势，预测了人工智能对压力容器目视检测的影响。

本书可作为压力容器检验员的工具书和高级检验人员的培训教材，也可供压力容器制造、使用以及管理人员参考。

图书在版编目（CIP）数据

压力容器目视检测缺陷分析 / 王纪兵等编著 . — 北京：中国石化出版社，2020.6
ISBN 978 - 7 - 5114 - 5796 - 7

Ⅰ.①压… Ⅱ.①王… Ⅲ.①压力容器 – 缺陷 – 分析 –目测法 – 教材 Ⅳ.① TH49

中国版本图书馆 CIP 数据核字（2020）第 075237 号

未经本社书面授权，本书任何部分不得被复制、抄袭，或者以任何形式或任何方式传播。版权所有，侵权必究。

中国石化出版社出版发行

地址：北京市东城区安定门外大街 58 号
邮编：100011　电话：（010）57512500
发行部电话：（010）57512575
http://www.sinopec-press.com
E-mail：press@sinopec.com
北京柏力行彩印有限公司印刷
全国各地新华书店经销

*

850×1168 毫米 32 开本 6 印张 120 千字
2020 年 6 月第 1 版　2020 年 6 月第 1 次印刷
定价：36.00 元

前　言

　　压力容器的目视检测是压力容器检验中最重要的检测方法之一，为了满足广大检验工作者的实际需求，有效地提高检验水平，我们编著了《压力容器目视检测技术丛书》，包括《压力容器目视检测技术基础》《压力容器目视检测评定》《压力容器目视检测缺陷分析》3个分册。《压力容器目视检测缺陷分析》是该丛书中的第3册，是《压力容器目视检测技术基础》和《压力容器目视检测评定》的技术延伸，主要介绍目视检测中发现缺陷的产生原因，预测缺陷发展趋势，提出缺陷预防措施，同时展望了压力容器目视检测技术的发展趋势，预测了人工智能对压力容器目视检测的影响。本丛书构建了压力容器目视检测的体系，这一体系既可以与压力容器的定期检验结合，也可自成体系在保障压力容器安全平稳运行中发挥积极作用。

　　压力容器目视检测包括对检测对象的认识、如何在检测中发现和识别缺陷、对发现的缺陷进行评定、分析缺陷产生的原因、对缺陷的发展进行预测和控制等几个方面，这几个方面形成了一个完整的压力容器目视检测体系。整套丛书中对这一体系进行了详细、系统的描述。本书凝聚了作者们30多年在压力容器检验方面的经验，对压力容器目视检测中检出的缺陷如何进行分析做了详细的描述，同时，本书还对压力容器缺陷分析程序的规范化和标准化进行了探索。

　　本书可作为压力容器检验员的工具书和高级检验人员的培训教材，也可供压力容器制造、使用以及管理人员参考。

本书第 1 章由王纪兵（上海蓝海科创检测有限公司）、侍吉清（机械工业上海蓝亚石化设备检测所有限公司）、陈轩（中国石油天然气集团有限公司）、王洁璐（上海市特种设备监督检验技术研究院）、王为国（中国特种设备安全与节能促进会）、周文学（上海蓝滨石化设备有限责任公司）执笔编写，第 2 章由王纪兵、李振华（上海蓝海科创检测有限公司）、侍吉清执笔编写，第 3 章由王纪兵、卢雪梅（上海蓝滨石化设备有限责任公司）执笔编写，第 4 章由王洁璐、宋文明（机械工业上海兰亚石化设备检测所有限公司）、薛小龙（上海市特种设备监督检验技术研究院）、左延田（上海市特种设备监督检验技术研究院）、杨博（上海市特种设备监督检验技术研究院）执笔编写，第 5 章由王纪兵、侍吉清、陈轩、王洁璐、薛小龙执笔编写，第 6 章由王纪兵、杨波（兰州安质信信息技术有限公司）、陈轩执笔编写，第 7 章由王纪兵执笔编写。本书由王洁璐编校。著名压力容器专家寿比南先生欣然接受了作为本书审稿专家的邀请；上海蓝缤石化设备有限责任公司、上海蓝海科创检测有限公司、上海市特种设备监督检验技术研究院、机械工业上海蓝亚石化设备检测所有限公司、中国石油天然气集团有限公司、中国特种设备安全与节能促进会等单位为本书的编写提供了大力支持。在此对他们表示感谢！

限于编著者水平，书中错误与疏漏在所难免，欢迎广大读者批评指正。

目　录

第1章 压力容器目视检测体系

压力容器目视检测的目的是保证压力容器的安全运行，对压力容器的制造质量进行验证，对压力容器运行状态进行评价。围绕这一目的，我们对压力容器目视检测的全过程进行梳理。

任何检测工作开始之前，首先应明确检测对象，在这里可以是一台压力容器，也可以是一组压力容器，比如说一套装置中的所有压力容器，或者是一台压力容器的某一部分，如换热器管束等。在这里我们将检测对象称为目标压力容器，简称目标容器。在本书的后续章节中，我们仍然使用受检压力容器或受检容器的称呼。受检压力容器指的是检验工作直接涉及的容器，其涵盖的范围比目标压力容器要小。我们需要关注以下几个问题：

1. 目标容器的作用

每一台压力容器都有它的作用，大致可分为反应容器、储存容器、换热容器和分离容器等，在工艺装置中都有其具体的作用。只有掌握了压力容器的作用，才能抓住压力容器的特点，有效地对压力容器实施检验，并判断经过检验的压力容器是否能够继续安全运行。

2. 目标容器的工作特点

压力容器的工作特点指的是压力容器在结构方面及使用方面的特点，使用方面的特点包括容器的使用温度、压力、介质及运行状态等，这些特点与压力容器在运行中可能的失效模式及失效可能性有关。如何了解容器的作用及使用特点在《压力容器目视检测评定》第 7 章中有比较详细的介绍。

3. 目标容器的失效模式

压力容器的失效模式通俗地说就是目标容器在使用中容易产生什么样的缺陷。失效模式与容器的工作特点直接相关，这在《压力容器目视检测评定》第 5 章中有比较详细的描述。

4. 目视检测针对失效模式的有效性

目视检测针对失效模式的有效性也就是目视检测发现相应缺陷的能力，可以是直接发现缺陷，也可以是间接发现缺陷。

5. 失效后果

失效后果也就是目标容器一旦产生缺陷并不断恶化，会带来什么样的后果，如火灾、爆炸或停工、停产等，一旦失效会带来多大的损失。

6. 处理缺陷的难易程度

处理缺陷是否需要停工、返厂，是否需要其他大型设备进场等，还有就是用不用施焊，焊后是否需要热处理。

7.用户的风险承受度

严格来说，不同的用户对风险的承受心理是不一致的，如果用户对风险的承受力较高，则宁愿少花检测成本，这里也可体现为用户可接受的检测成本。

以上问题基本明确后，就可以制定目标容器的目视检测方案。检测机构还应有目视检测工艺规程及规程的验证方法来支撑检测方案。经过培训的检验员根据检测方案实施目视检测，并将目视检测中发现的缺陷以规定的方式记录下来，并出具目视检测报告。中级检验人员应对检测报告中所记录的缺陷进行评定，并得出目标容器是否安全的结论，出具容器检验报告。对于评定不合格的缺陷或者使用中还会进一步发展的缺陷，高级检验人员应能够分析缺陷产生的原因，给出相应的对策，出具缺陷分析报告。缺陷分析报告的内容应包括：

（1）目标容器的基本信息；

（2）缺陷详细描述；

（3）缺陷产生原因分析；

（4）验证性的结论及报告；

（5）缺陷的危害性分析；

（6）对缺陷发展的预测；

（7）用户运行中的控制方法；

（8）运行中的监测方法；

（9）监测时限。

用户根据分析报告在运行过程中进行控制和监测，到监测时限后再对缺陷进行验证性检验，根据检验结果完善控制和监测措施。缺陷分析技术在本书的第 2 章～第 4 章中详细地进行了描述。

以上所描述的工作过程，即为一个完整的目视检测体系。这里我们将目视检测体系归纳为以下几个方面：

（1）明确目标容器；

（2）认识目标容器；

（3）制定检测方案；

（4）实施检测；

（5）评定缺陷；

（6）缺陷分析；

（7）控制并监测缺陷；

（8）增进对目标容器的认识；

（9）验证检验；

（10）改进控制与监测措施。

这里所说的完整的目视检测体系并不是说每次目视检测都要完成以上所述的全过程。每次目视检测及目视检测相关工作可能仅涉及上述环节中的几个或一个，但是按照完整的目视检测体系来设计并安排目视检测及相关活动会得到很好的效果。在这里还要强调说明：目视检测的目的是保证压力容器的安全运行，对压力容器的制造质量进行验证，对压力容器运行状态进行评价，但是仅凭目视检测无法达到这一目的，还应辅以其他手段，目视检测仅是为了达到上述目的所采用的手段之一，当然也是最关键、最重要、最有效的手段，同时也是成本最低的手段。

图 1.1 给出了目视检测体系的框图，从图中我们可以清晰地看出所谓目视检测体系是一个不断循环的过程，在不断循环的过程中不断改进，使得目视检测过程更加可靠、更加合理、

成本更低。

在框图中最关键的一环是"认识目标容器"，这一内容贯穿了整套丛书，在《压力容器目视检测评定》中我们用了很大的篇幅介绍了了解压力容器的技巧，并用案例的方式介绍了几种典型压力容器的特点。

目前国内在用压力容器检验主要依据 TSG 21《固定式压力容器安全技术监察规程》，其中规定了压力容器定期检验和压力容器年度检查两种形式。压力容器用户将定期检验视作对压力容器

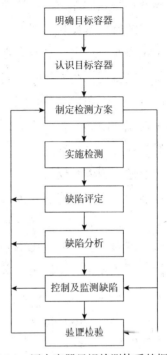

图 1.1　压力容器目视检测体系的框图

的专业体检，将年度检查视作筛查性普检，并希望通过检验过程与检修结合形成闭环，保障压力容器的安全平稳运行，在这一方面压力容器的目视检测体系必将发挥极大的作用。

初级目视检测人员培训的主要内容包括：认识检测中所要发现的缺陷；掌握在检验现场验证目视检测规程的方法；按照目视检测规程的要求实施目视检测；按照规定记录检测过程中发现的缺陷；出具目视检测报告。这一部分技术主要在本丛书的《压力容器目视检测技术基础》中详细介绍。

中级目视检测人员除了应具备初级检验人员必须掌握的技能外，还应对相关法规、标准有所了解，具有了解、认识压力

容器使用特点的能力，能够编写目视检测工艺规程和目视检测方案，能够出具反映容器安全状况的容器检验报告。这一部分技术主要在本丛书的《压力容器目视检测评定》中详细介绍。

高级目视检测人员除了应具备初级和中级检验人员必须掌握的技能外，还应具备熟练掌握目视检测体系，能够对目视检测中发现的缺陷进行分析，给出缺陷发展的预测，提出针对缺陷的控制与监测措施。这一部分技术正是本书的重点内容。

上述检测体系仅仅是压力容器目视检测的相关工作体系，支撑检测工作的还有监管体系（这在《中华人民共和国特种设备安全法》中有规定）、相关标准法规体系（这在《压力容器目视检测评定》中有详细的介绍），同时还有相关技术支撑体系，这一部分相关知识相当繁杂且跨学科，目前还没有哪个文献能够完全描述清楚。本丛书已尽最大努力对此进行了描述，然而作者还是无法将技术支撑体系的全貌呈现出来。但是在技术爆炸的当今，我们应该努力找出解决方案，在这里对此做一个初步的探讨。

1. 目标容器数据库

目视检测体系中的技术工作第一步是认识目标容器，对于即将开始检测工作的检验员，目标容器是独立的，由于能够得到的原始资料有差异以及检验员技术水平有差异，对容器的认识也是有差异的，这个差异会严重影响后续检测工作的效果。但是对于压力容器家族来说，目标容器并不是孤立的，与它相同的兄弟姐妹还有很多很多。如果对它们的认识能够集成在一起，形成一个容器特性的数据库，则会将差异对检测效果的影响降到最低。

2. 缺陷识别系统

目视检测的核心是通过检测发现缺陷，同时，观察环境的差异及检验员技术水平的差异，会带来检测效果的差异，具体的表现就是错检或漏检。通俗地讲就是将伪缺陷当成缺陷，或者没有发现真实存在的缺陷。前者影响相对较小，而后者则可能带来灾难。解决这一问题的最佳方案就是建立缺陷识别系统。

3. 缺陷评定系统

通过前面的介绍，我们知道在检测中发现的缺陷首先需要进行评定，评定的依据为相关法规标准。如果检验员在评定时忽视了某个标准或者用错了某个标准，可能会带来评定结果的错误。如果建立了评定系统，并在法规标准有变化时及时更新评定系统，检验员利用缺陷评定系统对检测中发现的缺陷进行评定，错评的概率则会大大降低。

4. 失效机理系统

这里所讲的失效具体到检测工作中就是发现的缺陷，任何缺陷的产生都是有条件的，换言之，只有满足了缺陷产生的条件，缺陷才会产生。从事这一方面研究的专家很多，并产生了大量的成果，但是检验员对这些研究成果的掌握是极其有限的，因此绝大多数检验员无法对缺陷进行分析。如果建立了失效机理系统，在系统中能够汇集专家们的研究成果，明确给出各类缺陷的产生条件，则可以帮助检验员开展缺陷分析工作。

5. 失效案例系统

分析缺陷的目的是为了处理缺陷，因此缺陷分析结果的正确性至关重要。错误的分析结果如果用于缺陷处理，则可能带来完全相反的处理效果。如何判断分析结果的正确性呢？最令人信服的判断方法则是比较处理过的案例。如果建立了失效案例系统，则为判定分析结果的正确性提供了强有力的工具，同时也为压力容器用户提供了强有力的决策依据。

第 2 章　缺陷分析

2.1　缺陷分析方法论

这里所说的缺陷特指压力容器目视检测中发现的，经过评定认为影响容器使用安全的缺陷。缺陷分析在压力容器的全生命周期中经常出现，只要发现了缺陷，用户就要对缺陷进行分析。分析内容包括：缺陷的性质、缺陷是否影响压力容器的安全使用、缺陷的产生原因、缺陷的发展趋势及控制措施等。这些分析会作为采取进一步措施的基础。这里所要描述的是如何系统地对压力容器目视检测发现的缺陷进行分析，重点是如何针对用户需求，满足用户需要的对缺陷进行分析。

缺陷与失效有着比较紧密的联系，缺陷的发展往往意味着失效。我们这里所讲的缺陷分析与失效分析之间并没有本质的区别。"失效"一词在 GB/T 2900.99—2016《电工术语　可信性》中有定义，这里不再详细讨论。

对于在用压力容器，影响安全运行最大的缺陷是使用中产生的缺陷，包括开、停工过程和正常及异常运行中产生的缺陷。用户往往是压力容器的直接操作者，他们对缺陷的判断最接近压力容器的直接状况。因此最有效的缺陷分析多是为用户的判断寻找证据。在这里要强调的是所有缺陷分析都是为用户服务的，绝大多数失败的缺陷分析都是脱离用户造成的。但是专业的差异及相关理论掌握情况的差异造成了广大用户无法在理论上阐明他们对缺陷的判断，这就需要专业人员帮助他们进行系统的专业分析，解决专业差和知识差的问题。在这一章中，我们着重描述如何系统地进行缺陷分析。

缺陷分析的理论方法主要有：归纳推理、演绎推理、类比推理。

这三种方法是形式逻辑学的基本推理法。后面我们将对这三种方法进行详细论述。但是有一种常用的分析方法并不为理论界所接受，这就是缺陷分析的排除法。

缺陷分析过程是筛选和验证的过程，首先从已知的条件中筛选出可能的失效机理（原因），然后对缺陷及含缺陷压力容器进行验证检验，如果验证检验结果支持筛选机理，则缺陷分析过程完成。否则应重新收集相关信息，重复筛选验证过程，直至得到满意的结果。首先要筛选缺陷类型，然后根据压力容器的使用状态信息及初步检测信息筛选缺陷形成机理，再根据所筛选的机理确定验证检验方案，实施验证检验。图 2.1 给出了缺陷

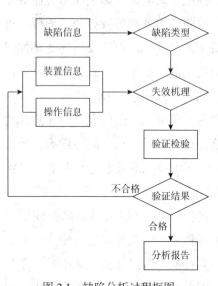

图 2.1　缺陷分析过程框图

10

分析过程框图，本章的重点就是对分析过程的各个环节作一个详细的介绍。

另外还要说明的是缺陷分析的成本问题，专业的缺陷分析是有成本的，而且并不是所有的缺陷分析都能带来明显的经济效益，因此在选择分析方法及手段时应充分考虑成本，在结果不明确时应优先选用低成本的、容易施行的分析方法及手段。

2.2　缺陷分析中的排除法

排除法为人们日常生活、工作中常用到的选择方法，它是依据类比及可行性进行的判断，对事物存在的假命题进行排除。所谓"排除法"是指在综合考虑命题内容、所设前提和所给选项的各种信息的基础上，运用一定的逻辑推理，排除不符合前提要求或与信息内容不符的干扰项，从而得出最接近正确结果的一种分析方法。

压力容器用户在遇到缺陷后，首先要解决以下三个最基本的问题：

（1）压力容器的设计是否有问题？

（2）压力容器的制造质量是否有问题？

（3）压力容器的操作运行是否有问题？

有效回答了这三个问题，就基本解决了用户最关心的问题。在缺陷调查活动中获得的信息量往往很大，如何利用这些信息进行推理是一个非常复杂的工作。想要有效获得缺陷分析的相关信息，首先要剔除大量的无关信息，将分析者的注意力集中于最有效的信息上，排除法在这时将发挥极大的作用。但是排除法本身带有很大的局限性，它的前提是信息是有限的，这显然不符合大部分的缺陷分析场合。因此我们要科学地在缺陷分析中利用排除法。

在压力容器缺陷分析中，命题就是缺陷的产生原因是什么？是 A 设计问题、B 质量问题、C 操作问题还是 D 其他问题？分析中调查获得的各种信息就是排除法的基础，运用调查信息是否能够排除 A、B、C 这三个选项。注意，D 选项包括的内容比较广，只有前三个选项中的某一个无法排除时，这一项才能够被排除。

下面我们将对基于以上三个问题的分析路线进行详细的讨论。

2.2.1　设计问题

分析压力容器的设计是否存在问题，主要考虑以下几个方面：

（1）材料选择是否合理？

（2）容器的结构是否合理？

（3）有无成功的应用场合？

（4）与成功应用的同类设备有什么差异？

这就引出了缺陷分析的第一步——资料收集与审查。这一步对缺陷分析非常重要，它的严密程度会对分析结果的正确性产生关键的影响。收集的资料包括表 2.1 中的所有资料。

表 2.1　资料审查内容

序号	类别	内容	分析方向	备注
1	设计资料	竣工图纸	容器的结构特点、主体材料、缺陷部位材料、操作参数、介质	按现有规范标准评判
		设计计算书	容器的相关部位强度是否满足相关标准的要求	
2	制造资料	质量证明书监检证书	制造环节有无偏离设计的现象	证书是否齐全
		监造报告	制造过程在哪些环节上出现问题	
3	运行资料	运行记录	运行中容器的主要参数有无超出设计范围的情况发生，如温度、压力、介质等	
4	其他资料	类似装置的使用经验	该类型的容器在其他工厂有无成功的使用经验，有无出现过类似的缺陷；出现缺陷的容器与其他成功使用的容器有哪些差异	

其中第 1 项、第 2 项的资料在一般压力容器用户中的设备档案中都很容易找到；第 3 项的资料内容在炼油化工企业中都有详细的记录，只是记录内容十分广泛，需要有经验的工程师对与缺陷分析有关的内容加以识别；而第 4 项的内容就不是很容易得到了，往往用户和缺陷分析机构所能够获得的信息不如专业设计机构掌握的多。

2.2.2　制造问题

分析压力容器是否存在制造问题，主要考虑以下几个问题：

（1）制造过程是否满足相关法规、标准的要求？

（2）制造技术是否满足图纸的要求？

（3）材质及其状态（热处理）是否满足相关法规标准要求？是否满足设计要求？

（4）制造过程控制是否满足容器的使用特点要求？

（5）缺陷是制造时产生的还是使用过程中产生的？

分析制造过程可收集到的相关资料如表 2.1 所示，仅仅依靠这些制造资料来判断制造过程有无问题是远远不够的，同时也没有说服力。因此要排除制造问题就要借助某些检测手段来实现。表 2.2 中列出了排除制造问题所常用的检测方法。注意：如果仅仅是用于排除，则需要考虑检测的易实现性和检测成本，表 2.2 中所列的检测方法都是易实现的低成本检测方法。

表 2.2　初步检测内容

序号	检测项目	检测目的	排除问题
1	化学成分分析	材料的选用	材料用错
2	金相组织检验	热处理工艺是否满足设计要求	热处理不当
3	力学性能测试	材料及焊接接头是否满足规范要求	材料或工艺问题
4	硬度测定	热处理工艺是否满足设计要求	焊接过程不当
5	结构尺寸测量	结构是否满足图纸的要求，运行中是否发生了永久变形	
6	缺陷复验	确定缺陷性质及尺寸，周边状态	

排除制造问题的一个关键因素就是判断缺陷是制造过程中产生的还是运行过程中产生的，表 2.2 中的第 6 项检测内容有助于这一判断。单凭以上内容往往还无法给出科学、准确、完整的结论，通俗地说就是通过上述检测如发现问题，可以证明有问题，如果未发现问题则不能完全证明制造没有问题，但是却可以为进一步的筛选、验证过程提供相当有价值的提示。

2.2.3 运行问题

分析压力容器的操作运行过程是否存在问题主要关注以下几个方面：

（1）容器运行参数是否超出设计范围（包括开、停工阶段的操作参数）？

（2）与其他同类装置的操作有无差异（包括运行参数，介质性质等）？

（3）操作过程中有无意外情况发生？

大部分用户企业都有比较完整的运行过程记录，但是这些过程记录的信息量非常大，非专业人士从这些记录中找出对缺陷分析有价值的相关信息并不是一件容易的事情。表2.3中罗列出了与缺陷分析相关的一些信息，有助于分析人员对操作运行记录的审查。

表 2.3　操作运行记录审查内容

序号	审查项目	审查内容	排除问题
1	操作压力	运行中操作压力有无异常	超压
2	操作温度	运行中操作温度有无异常	超温（包括低温）
3	介质成分	与设计的差异	
4	杂质成分	杂质中有害成分的含量	
5	pH 值	缺陷相关部位的 pH 值	
6	流速	缺陷相关部位（减薄缺陷）的流速	
7	物料混入	有无非常投料混入	误操作
8	开、停工措施	有无开、停工时针对容器的保护措施	误操作
9	同类装置经验	有无同类装置的操作经验，同类装置是否出现过相同的缺陷	

经过上面三节中所描述的信息收集工作，缺陷分析所需要的信息收集工作基本完成。接下来的工作就是根据这些信息缺陷进行分析，具体来说就是对缺陷机理进行筛选并提出验证检验方案，按照方案实施验证检验。根据检验结果确定缺陷产生的原因，提出处理及预防措施。

2.3　归纳推理

所谓归纳推理，就是从个别性知识推出一般性结论的推理，归纳推理的前提是其结论的必要条件。首先，归纳推理的前提必须是真实的，否则，归纳就失去了意义；其次，归纳推理的前提是真实的，但结论却未必真实。如根据盛装液化石油气的储罐开裂，推出每台盛装液化石油气的储罐都会开裂这一结论很可能为假。可以用归纳强度来说明归纳推理中前提对结论的支持度。支持度小于50%的，则称该推理是归纳弱的；支持度小于100%但大于50%的，称该推理是归纳强的；归纳推理中只有完全归纳推理前提对结论的支持度达到100%，支持度达到100%的是必然性支持。

在缺陷分析中，往往并不是根据实际缺陷的相关信息进行归纳推理，而是利用前人已经归纳推理出的结论判断缺陷，如利用现有标准、公开文献对缺陷进行判断等。另外常说的经验也是根据自身经历，通过归纳推理得出的。常用的失效可能性的概念，就是上述归纳强度的体现。归纳推理中的完全归纳推理的思维进程既是从个别到一般，又是必然的得出。例如检验在役低合金钢液化石油气储罐时，发现储罐底部或气液交界面的对接焊缝热影响区产生了裂纹，经过对储罐的进料成分追溯，发现曾经进入过 H_2S 含量较高的产品，判断裂纹产生的原因是湿 H_2S 应力腐蚀开裂，这就是归纳推理的结果。在这个过程中，结论是湿 H_2S 应力腐蚀开裂，前提是敏感的材料（金相组织）、拉应力（残余应力）和湿 H_2S，利用了前人对湿 H_2S 应力腐蚀开裂研究归纳的结果。但上面提到的三个条件只是湿 H_2S 应力腐蚀开裂的必要条件，并不是充分条件。也就是说满足了上述三个条件的容器并不是必然开裂的。

目前在压力容器的缺陷分析方面，可供参考的、得到业内公认的权威相关文献并不多，主要有 API 571《Damage Mechanisms Affecting Fixed Equipment in the Refining Industry》（《炼油工业中影响固定设备的损伤机理》）和 GB/T 30579《承压设备损伤模式识别》。这两个文献中概括了炼油和化工方面的绝大多数损伤（缺陷），如果在检测中遇到的缺陷能在这两个文献中找到完全满足条件的情况，基本可以作为进一步推理的前提。

2.4　演绎推理

演绎推理就是从一般性的前提出发，通过推导即"演绎"，得出具体陈述或个别结论的过程。演绎推理的逻辑形式对于人的思维保持严密性、一贯性有着不可替代的作用。不论在实际缺陷分析过程中采用了多少种推理组合，最后呈现的结果都是以演绎推理的方式提出的。关于演绎推理，还存在以下几种定义：

（1）演绎推理是从一般到特殊的推理；

（2）演绎推理是前提蕴涵结论的推理；

（3）演绎推理是前提和结论之间具有必然联系的推理；

（4）演绎推理就是前提与结论之间具有充分条件或充分必要条件联系的必然性推理。

演绎推理保证推理有效的根据并不在于它的内容，而在于它的形式。演绎推理就是前提与结论之间有必然性联系的推理。如通过应力分析得出断裂部位的应力大于材料强度的结果，则断裂一定是因应力过载引起的。

2.5　类比推理

类比推理是缺陷分析中最常用的方法之一，它是根据两个或两类对象有部分属性相同，从而推出它们的其他属性也相同的推理。压力容器用户遇到问题后最先想到的是询问具有相同或相类似装置的兄弟用户，看看是否出现过类似的问题，出了问题后是如何处理的，这往往是最重要的参考，这个过程就是一个类比推理的过程。如果可类比的对象比较多，还得运用归纳推理。无论后来是如何分析的，分析的结果如何，都要对同类现象有一个合理的解释，否则很难为用户所接受。

既然类比推理在缺陷分析中如此重要，相关的研究者和工作者就应该在这方面开展相应的工作，其中最重要的工作就是对类比推理工具的研究，具体的体现就是案例库。国外某些大型石化企业很重视对于案例的收集，其下级企业设备出了问题后会在自己的网站上查找相关案例。国内的石化企业也在该方面做了一定的努力，但由于国情不同，这一努力暂时进展不是很理想。国内的专业失效分析工作者在建立失效分析案例库方面也做出了许多努力，并取得了一定的进展，这些努力一旦取得突破性进展，将会使缺陷分析工作和失效分析工作取得很大的进步。

2.6 缺陷分析的基本程序

从事缺陷分析工作的人很多，每年在这一方面都会有许多积累，形成很多的文献资料，但是要从发表的文献中整理缺陷分析案例却十分困难。曾经有机构在专业失效分析机构中收集案例，试图加以归纳总结，但是并没有取得很好的效果。所有的缺陷分析工作的主线离不开本章第一节中描述的筛选验证过程，但是反映在文字上却并不能显示出清晰的分析路线。整理缺陷分析文献的目的是为了借鉴以往的工作经验，归纳缺陷的相关规律，为类比分析提供工具。从这个角度来看，目前的缺陷分析工作主要存在以下几方面的问题：

（1）分析过程不能规范、统一，造成了分析相关工作表述方面的不规则，在描述方面的差异巨大；

（2）呈现的原始信息完整性不强，不全面，有些案例中给出的原始信息在支撑分析结论方面不充分；

（3）缺陷形成机理的筛选过程在文献中往往被忽略，这个环节的疏忽有可能导致分析方向的偏差，从而造成分析结果的错误；

（4）缺陷机理的验证检验过程比较复杂，对验证检验工作的选择方向差异很大，很难归纳；

（5）在缺陷分析的过程中普遍存在重验证检验，轻机理筛选的问题，在检验方法的选择上目的不明确，出现了许多仅仅依据检验结果得出分析结论的错误结论案例；

（6）现有分析报告及其他文献很难归纳，难以体现其价值。

造成以上问题的原因总体来说就是缺陷分析工作还不够成熟，我们想在压力容器的缺陷分析方面，通过规范缺陷分析程序来尽可能解决以上问题。在下面的各节中，我们将提出解决方案。

2.6.1　资料信息的规范

含缺陷压力容器的原始资料无疑是非常重要的，资料审查在缺陷分析过程中是推理的基础，但是这一部分工作的不规范，恰恰是分析工作不规范的重要症结。在缺陷分析开始之前，很难确定哪些资料是必须收集的，哪些资料与这次分析工作关联程度不高，但是一台运行中的压力容器可以收集到的资料是明确的。在能够收集到的资料中，有些是分析工作中必需的，这部分资料的缺失会造成分析结果的偏差；有些资料是重要的，这些资料的完整性对分析结果的经验价值影响较大；还有一些信息可能与本次缺陷分析的关联性不大。下面对缺陷分析需要收集哪些方面的资料进行说明。

1. 基本信息

基本信息是压力容器的识别信息，在案例库中首先要满足缺陷分析的基本需要，同时要考虑与其他流行数据库的数据交换，并且还要兼顾案例库的检索等服务功能。表2.4是压力容器缺陷分析的基本信息，其中带有 * 号的是缺陷分析必须有的信息；不带 * 号的数据缺失在大多数情况下并不影响缺陷分析的完成。这里的信息除了下面特殊说明的之外，与使用登记表中的数据同名，在压力容器检验报告中也同样有这些同名信息。

表2.4　基本信息

一	基本信息	
1	*设备名称	
2	设备代码	
3	*设备位号	
4	*设备种类	
5	设备品种	
6	型号规格	
7	设计使用年限	
8	设计单位	
9	制造单位	
10	施工单位	
11	监督检验机构名称	
12	*使用单位名称	
13	统一社会信用代码	
14	*设备使用地点	
15	投入使用日期	
16	使用登记证号	

注：①表中带 * 号的为必填数据；
　　②设备种类：锅炉、压力容器、压力管道、其他；
　　③设备品种：超高压、三类、二类、一类；
　　④设备名称：在使用登记表中使用"产品名称"。

2. 装置信息

这里的装置指的是缺陷压力容器所在的装置，在不同的地域或行业有时也称为单元或工段。一个装置中拥有许多压力容器及其他设备，同一个装置中的装置信息是一致的。功能相同或相近的装置中，设备可能出现同样的问题。完整翔实的装置信息有助于失效机理的筛选，在案例库中还能反映国内是否有相同或相近的装置，本装置中的设备与其他装置中的设备有无差异，其他装置是否出过类似的问题等。这些信息有利于在分析过程中应用类比演绎。表 2.5 中所列的装置信息主要是 RBI 数据库中的数据。

表 2.5 装置信息

二	装置信息		
1	*装置名称		
2	PID 号		
3	PFD 号		
4	工艺简介		
5	同类装置描述		
6	冬季温度		
7	地震带		

注：①表中带 * 号的为必填数据；
②装置名称：在使用登记表和检验报告中使用 "设备使用地点"；
③ PID ：管道和仪表流程图；
④ PFD ：工艺流程图；
⑤工艺简介：对装置操作工艺进行简单的描述，最权威的描述来自《装置操作规程》；
⑥同类装置描述：尽可能地对同类装置情况进行说明。

22

3. 设备信息

设备信息指的是容器本身的技术信息，包括容器的结构、设计温度和压力、操作温度和压力、操作介质等。表2.6中的信息除了少数特殊说明外，其他大部分都可在RBI数据和检验报告数据中找到。

表2.6　设备信息

三	设备信息				
1	*设备形式				
2	设备结构说明				
3	图纸审查				
4	设计计算书				
5	质量证明书				
6	*材质	壳程		管程	
7	热处理状态	壳程		管程	
8	*厚度				
9	长度				
10	*主直径				
11	其他直径				
12	*设计压力				
13	*设计温度				
14	制造规范				
15	当前服役时间				
16	保温				

三	设备信息		
17	外涂层		
18	衬里（MOC）		
19	同类设备描述		

注：①表中带 * 号的为必填数据；
　　②设备形式：反应容器、换热容器、分离容器、塔器、球形容器、夹套容器、卧式容器、立式容器等；
　　③设备结构说明：如果容器结构有需要特殊说明的在这里填写；
　　④图纸审查：图纸审查的结果；
　　⑤设计计算书：设计计算书的审查结果；
　　⑥质量证明书：质量证明书的审查结果；
　　⑦同类设备描述：对已知的同类设备状况作一个说明。

4. 运行状态信息

运行状态信息反映压力容器的运行状态，是失效机理筛选的主要参考依据。内容包括容器的操作压力、温度和介质，如果有冲刷腐蚀现象，还应了解缺陷部位的介质流速。许多压力容器的缺陷是在异常操作运行状态下产生的，或者是在开、停工过程中产生的，因此在缺陷分析收集运行状态信息时除了要收集反映正常操作运行状态的相关信息外，还要注意收集反映异常操作运行状态的相关信息以及容器在开、停工状态的相关操作信息。表2.7中列出了这些信息。

表 2.7　运行状态信息

四	运行状态信息		
1	* 操作压力		
2	操作压力说明		

四	运行状态信息		
3	＊操作温度		
4	操作温度说明		
5	＊介质		
6	操作介质说明		
7	开、停工状态		
8	介质流速说明		
9	运行状态说明		
10	有害介质说明		
11	有害介质浓度		
12	典型组分		
13	停机数		

注：表中带＊号的为必填数据。

5. 缺陷信息

缺陷信息是缺陷分析特有的信息，这一部分信息与前面提到的三个数据来源都没有直接关系，包括缺陷的形貌、位置，缺陷的尺寸，相邻的结构状况，相邻部位的其他缺陷状况等。在压力容器缺陷分析中，缺陷信息主要来自对缺陷进行的相关检测，这些信息对于缺陷类型的筛选非常重要。表2.8中列出了这些信息。

表 2.8　缺陷信息

五	缺陷信息		
1	*缺陷位置		
2	*缺陷形态		
3	*缺陷性质		
4	缺陷尺寸		
5	相关结构描述		
6	相邻缺陷描述		
7	缺陷检测方法		
8	*缺陷部位材质		
9	热处理状态		

注：表中带*号的为必填数据。

6. 定期检验信息

定期检验信息不是缺陷分析的必填信息，但是对于完善案例库的功能却是非常有效的。表 2.9 中列出了定期检验的相关信息，数据主要来自 RBI 数据库及压力容器定期检验报告。一台压力容器在整个生命周期中经历过不止一次检验，因此关于检验报告的数据在后面是可以重复的。

表 2.9　定期检验信息

六	定期检验信息		
1	腐蚀工况		
2	污垢工况		

六	定期检验信息		
3	非常清洁工况		
4	损伤机理模块		
5	检验方案		
6	报告编号	检验日期	
7	检验单位	检验类别	
8	问题及其处理		
9	检验项目		
10	报告编号	检验日期	
11	检验单位	检验类别	
12	问题及其处理		
13	检验项目		

7. 初步分析检测信息

在本章 2.2 中描述了缺陷分析的初步检测，这些检测结果除了用于 2.2 所描述的排除法之外，在有些缺陷分析过程中，它们的检测结果也可用于缺陷产生机理的筛选，同时在部分缺陷分析过程中，它们也被用来作为验证检验项目。由于这些检测方法易于施行并且成本低廉，大部分缺陷分析过程都会采用这些检测方法。表 2.10 列出了初步分析检测信息的检验结果。并不是所有的缺陷分析过程都要进行全项目的初步检测分析，因此下面的信息并不要求完整。

表 2.10 初步分析检测信息

七	初步分析检测信息		
1	化学成分分析		
2	金相组织检验		
3	力学性能测试		
4	硬度测定		
5	结构尺寸测量		

2.6.2　初步结论判断

这里所描述的初步结论判断，主要是本章 2.2 中描述的缺陷分析排除法中的分析理念，掌握了 2.6.1 中所罗列的信息后，就可以运用排除法进行初步的分析了。对于排除法需要说明的是它无法应用于完整的缺陷分析，因为它无法给出缺陷分析所有可能的选项。排除法主要应用于回答下面三个问题：

（1）压力容器的设计是否有问题？

（2）压力容器的制造质量是否有问题？

（3）压力容器的操作运行是否有问题？

注意：仅凭 2.6.1 中的信息可能无法准确地回答上面三个问题，即使罗列的所有信息都收集齐全也还是无法得到理想的结果。但是不能否定在某些场合中，三个问题中的某一个，或者两个，或者全部都可以得到某种程度的澄清。在一些复杂的案例中，可能三个问题都无法得到哪怕是有限的澄清。这一初步的结论判断无论对于分析机构，还是对于压力容器用户都是很有意义的。初步结论判断无法澄清的问题恰恰就是进一步机理筛选工作的方向和验证检验的重点。

2.6.3　缺陷类型筛选及分析方法概要

完成了前面所描述的各项工作后，则进入缺陷分析的专业技术部分，首先我们要对缺陷类型进行筛选。缺陷类型筛选相对于缺陷机理比较简单，大多数场合中缺陷类型都是比较明确的，由于专业的不同，有些人在缺陷类型描述上会有所差异，因此缺陷描述应尽可能规范。本书重点讨论的是压力容器目视检测缺陷的分析，本丛书《压力容器目视检测评定》中罗列了目视可能发现的缺陷，表 2.11 为压力容器目视检测部位及缺陷汇总表。

表 2.11　压力容器目视检测部位及缺陷汇总表

序号	检测部位	需检测的缺陷
1	筒体、封头 接管 法兰	裂纹 鼓泡 机械损伤、工卡具焊迹、电弧灼伤、飞溅、焊瘤、凹坑 变形 泄漏 过热 腐蚀 密封面损伤
2	对接焊接接头 角焊接接头	裂纹 咬边 气孔、夹渣 表面成形 焊缝余高、错边、棱角度、未填满 泄漏 腐蚀 焊脚高度
3	开孔补强	大开孔有无补强，补强板信号孔

序号	检测部位	需检测的缺陷
4	支承或者支座	下沉、倾斜、开裂，直立压力容器和球形压力容器支柱的垂直度，多支座卧式压力容器的支座膨胀孔等
5	排放（疏水、排污）装置	堵塞、腐蚀、沉积物
6	检漏孔	堵塞、腐蚀、沉积物
7	衬里层 堆焊层	破损、腐蚀、裂纹或脱落 龟裂、剥离
8	安全附件	齐全、完好
9	密封紧固件	螺栓变形、开裂
10	隔热层	破损、脱落、潮湿

虽然表 2.11 中所罗列的各种缺陷在检验过程中都要进行分析和处理，但是不同的缺陷其相关产生机理的明确程度是不同的，机理分析的复杂程度差异很大，处理措施的难易程度差异更大。如机械损伤、工卡具焊迹、电弧灼伤、飞溅、焊瘤、凹坑等缺陷的形成机理本身就很明确，处理措施也比较简单。本书只对表 2.11 中 1、2、3、7 项中的裂纹、鼓泡、变形、过热和腐蚀这五种缺陷的分析进行说明，重点是其中的开裂分析和腐蚀分析。

1. 开裂

开裂是压力容器中威胁安全运行最严重的缺陷形式，其表现形式大多为裂纹，严重的情况表现为断裂。开裂分析的机理筛选也是最复杂的，分析难度是最大的，验证检验的复杂程度也是最高的。开裂分析首先要分析其开裂时机，也就是制造中产生的缺陷还是使用中产生的开裂。使用中产生的开裂危险性最大，其次是制造中产生的开裂在使用中扩展，这两种开裂都有可能在继续使用中不断加重，直至断裂，导致灾害事故的发生。

开裂从应力角度分析可分为应力开裂和低应力开裂两大类，在压力容器中低应力开裂的现象最为普遍。在绝大多数设计、制造满足相关标准规范，使用经验成熟的压力容器中，所发生的开裂多为低应力开裂。

低应力开裂的形式有脆性断裂、应力腐蚀开裂等，其中应力腐蚀开裂最为常见，脆性断裂往往是由于材料的局部问题引起的。

由于开裂的危险性较大，对于开裂的研究也更加深入全面，分析过程中相应的检测手段也比较多，如金相检验、断口检验、能谱分析等。关于开裂的分析方法我们将在本书的第3章中详细介绍。

2. 鼓泡

鼓泡的分析相对比较简单，其主要表现形式有大鼓泡和小鼓泡两种。大鼓泡往往是变形的表现形式，我们在下面介绍。小鼓泡主要有湿硫化氢损伤（氢鼓泡/氢致开裂 HIC/ 应力导向氢致开裂 SOHIC）和堆焊层鼓泡两种主要形式。这两种形式的鼓泡其发生条件比较明确，缺陷分析的主要任务就是分析缺陷容器的运行状态满足哪一种鼓泡的产生条件。下面我们对这两种鼓泡的损伤机理做一个详细描述。

（1）湿硫化氢损伤

①损伤机理

湿硫化氢造成的鼓泡有氢鼓泡、氢致开裂（HIC）和应力导向氢致开裂（SOHIC）三种形式，损伤机理如下。

a. 氢鼓泡

氢鼓泡会在管道或压力容器的内壁和外壁上形成，也可以在材料内部形成。鼓泡是由于在钢表面硫化物腐蚀的过程中产生了氢原子，氢原子扩散进入钢内，并且在钢的不连续处（如夹杂物或分层处）聚集。氢原子联合形成氢分子，氢分子体积较大，无法扩散出来，当压力达到一定程度，则出现局部的变形，从而形成鼓泡。注意：鼓泡是由腐蚀所产生的氢导致的，而不是由工艺介质中的氢气造成的。图2.2是氢鼓泡和氢致开裂示意图，图2.3是氢鼓泡照片。

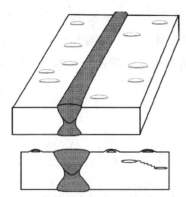

图2.2　氢鼓泡和氢致开裂损伤示意图

图2.3　氢鼓泡照片

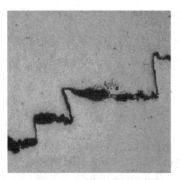

图2.4　阶梯状裂纹显微照片

b. 氢致开裂（HIC）

氢气泡会在钢的内部及焊缝附近形成，在深度有差别的邻近气泡间会产生裂纹，把气泡连接在一起。气泡之间相互连接的裂纹通常为阶梯状，因此氢致开裂（HIC）有时也被称为"阶梯状裂纹"。图2.4是阶梯状裂纹的显微照片。

c. 应力导向氢致开裂（SOHIC）

应力导向氢致开裂（SOHIC）和氢致开裂（HIC）相似，但是它却是一种潜在危害更大的开裂，这种开裂表现为相互重叠的一组裂纹。开裂的结果是出现与表面垂直的、由高应力水平（施加的应力或残余应力）促成的沿壁厚方向扩展的裂纹。裂纹通常会因为 HIC 损伤或其他包括硫化物应力腐蚀开裂在内的裂纹或缺陷而在邻近焊接热影响区的基材金属上出现（图 2.5 和图 2.6）。

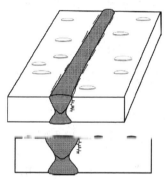
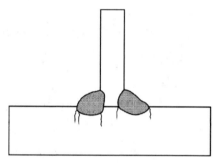

图 2.5　对接焊缝的应力导向
氢致开裂（SOHIC）示意图

图 2.6　角焊缝的应力导向氢致开裂
（SOHIC）示意图

②受影响的材料

易产生湿硫化氢损伤的材料有碳钢和低合金钢。

③关键因素

影响湿硫化氢损伤最关键的因素是环境条件（pH 值、硫化氢水平、杂质、温度）、材料性能（硬度、金相组织和材料强度）和拉应力水平（施加的应力或残余应力），这三个因素也就是通常所说的应力腐蚀三要素。所有这些损伤机理都和钢中氢的吸收和渗透相关。

a. pH 值

当 pH 值为 7 时，氢渗透或扩散率最小；在 pH 值更高或更低时，氢渗透或扩散率会增加。在水相中的氢氰酸（HCN）能显著增加在碱性（高 pH 值）污水中的渗透性。

含有游离水（在液态水相下）的条件会促进鼓泡、HIC、SOHIC，经验数值如下：

（a）溶解的硫化氢 >50 μg/g 的游离水；

（b）pH<4 并含一些溶解的硫化氢的游离水；

（c）pH>7.6 并含有 20 μg/g 溶解于水的氢氰酸以及一些溶解的硫化氢的游离水；

（d）气相中硫化氢的分压 >0.0003 MPa（0.05 psia）。

氨含量的增加会使 pH 值升高到开裂出现的范围内。

b. 硫化氢

伴随硫化氢分压增加，由于在水相中硫化氢浓度也同时增加，氢渗透会增加。水相中 50 μg/g 的硫化氢是界定出现湿硫化氢问题的浓度，但是，在浓度较低或者未预期发生湿硫化氢问题的异常条件下也出现过裂纹。在水中出现 1 μg/g 的硫化氢就足以引发钢的渗氢。

硫化氢分压高于 0.0003 MPa（0.05 psia），同时材料的抗拉强度超过 620MPa，或者在焊缝及热影响区的硬度高于 237 HB 的钢中，损伤的敏感性增加。

c. 温度

氢鼓泡、HIC 和 SOHIC 损伤能在环境温度至 150℃之间发生。而湿硫化氢应力腐蚀 SSC 则通常发生在 82℃以下。

d. 硬度

氢鼓泡、HIC 和 SOHIC 损伤和钢的硬度不相关。

e. 钢的质量

钢中的夹杂物和分层会让扩散的氢累积并强烈地影响氢鼓泡和 HIC 损伤。钢的化学成分和炼制方法也会影响损伤的敏感性。改善钢的清洁度可降低钢对氢鼓泡和 HIC 损伤的敏感性，但仍然会对 SOHIC 敏感。HIC 常常在所谓的"脏"的、含有大量夹杂物或存在其他内部不连续的钢中出现。

f. 焊后热处理（PWHT）

氢鼓泡和 HIC 损伤能在没有施加的应力或残余应力的情况下发展，因此 PWHT 不会阻止它们发生。局部的高应力或应力集中区域会成为 SOHIC 的发生区域。SOHIC 是局部应力促成的，因而 PWHT 在减少 SOHIC 损伤方面也有某些效果。

④易受影响的设备

a. 在有湿硫化氢存在的炼油的所有过程中，氢鼓泡、HIC、SOHIC 和 SSC 损伤都能发生。

b. 在加氢装置中，硫化氢铵浓度增加到超过 2% 就会增加氢鼓泡、HIC 和 SOHIC 的风险。

c. 氰化物会显著增加氢鼓泡、HIC 和 SOHIC 损伤的可能性和严重程度。这对于催化裂化装置和延迟焦化装置的蒸汽回收段尤其严重。典型的位置包括分馏塔塔顶罐、分馏塔、吸收塔和汽提塔、压缩机级间分离器、分离罐和各种热交换器、冷凝器和冷却器。污水汽提塔和氨再生器塔顶系统因为硫化铵和氰化物的高浓度尤其容易发生湿硫化氢损伤。

（2）高温氢损伤（HTHA）

①损伤的描述

高温氢损伤是钢在高温和高压氢环境下所导致的钢的损伤。氢原子扩散到钢中，与钢中的碳化物发生反应生成甲烷

（CH₄），甲烷在钢中不能扩散，同时碳化物的损失导致钢的强度降低。随着甲烷压力增大，形成气、孔洞和裂隙，它们在钢中汇合而形成裂纹。当裂纹发展到一定程度时降低了承压部件的承载能力，就可能发生断裂失效。损伤发生在近表面尤其是堆焊层下时，可能产生鼓泡。

②受影响的材料

钢依照耐受性能由弱到强排序：碳钢、C–0.5Mo、Mn–0.5Mo、1Cr–0.5Mo、1.25Cr–0.5Mo、2.25Cr–1Mo、2.25Cr–1Mo–V、3Cr–1Mo、5Cr–0.5Mo 和在化学成分上有变动的相似的钢。

③关键因素

对于确定的材料而言，HTHA 取决于温度、氢分压、时间和应力。API RP 941《Steels for Hydrogen Service at Elevated Temperatures and Pressures in Petroleum Refineries and Petrochemical Plants》（《炼油厂和石化厂用高温高压临氢作业用钢》）给出了各种钢的温度 / 氢分压安全运行范围，如图 2.7 所示的曲线（纳尔逊曲线）。

3. 变形

在压力容器的运行中，变形也是一种经常发生的损伤模式。概括起来产生变形的原因主要为应力过大、结构变弱、材料强度下降。下面我们对这三种情况做一个简单的说明。

（1）应力过大

压力容器在运行过程中，除了承受正常的工作应力外，在局部还会有残余应力、结构附加应力以及应力集中等，这些因素都有可能导致容器的变形。压力容器的运行状态失常，也会

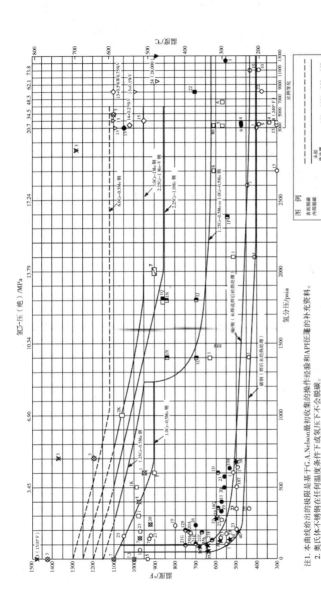

图 2.7 API EP 941 推荐的纳尔逊曲线

注1. 本曲线给出的极限是基于G.A.Nelson最初收集的操作经验和API征集到建的操作经验的补充资料。

2. 奥氏体不锈钢在任何温度条件下或氢压下不会脱碳。

3. 本曲线给出的极限是基于干钢板及退火钢和正火钢采用ASME规范第Ⅷ篇第1分篇应力值水平。
补充资料见API 941第5.3节和第5.4节。

4. 曾报道了1.25Cr-1MoV级钢在安全范围内发生态干裂纹。详见API 941手录B。

5. 包括2.5Cr-1MoV级钢是建立在10000h实验室室的试验数据,这些合金至少等于等于3Cr-1Mo钢性能,
详见API 941中相关内容。

37

提高容器的整体或局部应力。因此对于应力过大导致的变形分析主要是压力容器运行状态调查和局部应力计算两个方面。

（2）结构变弱

压力容器在运行过程中发生损伤，如减薄、开裂等，也会使局部应力过大，导致压力容器的局部变形。针对这种情况造成的变形，分析方法主要是检查容器运行过程中的损伤，辅以局部应力计算。

（3）材料强度下降

压力容器材料强度下降导致的变形，最常见的就是超温。除了超温之外，材料的劣化（球化、石墨化、脱碳等）引起的材料强度下降也可能导致局部变形。对于这一类变形的分析最重要的工作就是调查运行过程中的超温现象。

4. 过热

过热这一缺陷形式在目视检查中的表现是颜色的变化，造成的原因也很明确，分析的目的主要是判断缺陷对容器继续使用的影响。检查的方法主要是金相组织检验，新技术材料力学性能微试样检测法是比较有效的评定手段之一。

5. 腐蚀

腐蚀的分析也是压力容器中比较复杂的缺陷分析，腐蚀在压力容器中经常发生。对于腐蚀分析来说，直接能够得出结论的检测手段不多，大多从操作条件来间接分析。在压力容器中影响腐蚀的因素通常有材料、温度、压力、介质中的有害元素含量、介质的 pH 值及介质的流速等六个基本要素，这六个维度的组合非常复杂，造成了腐蚀分析的复杂性。我们在腐蚀分析中往往根据实际发生情况忽略其中的几个要素，降低分析的复杂性，简化分析过程。

值得重视的一个关键因素是所有腐蚀的发生都离不开液态水，因此，对于液态水的分析为腐蚀的分析提供了一个非常好的途径。我们在许多特定场合的腐蚀分析中利用液态水的分析方法取得了非常好的效果。关于腐蚀缺陷的分析方法我们将在本书的第4章中详细介绍。

2.6.4 分析结论

上一节中我们介绍了缺陷类型的筛选，同时详细说明了鼓泡、变形、过热这三类缺陷的机理筛选和验证检验。开裂和腐蚀这两类缺陷的机理筛选和验证检验我们在本书的第3章和第4章中说明。完成了前面所描述的信息收集工作及缺陷类型筛选、缺陷产生机理筛选和验证检验分析工作，并且验证检验结果能够很好地支持筛选的缺陷形成机理，缺陷分析的主要工作就已经完成了。接下来就要对缺陷的产生机理下一个结论，包括缺陷形成的原因、压力容器运行状态对缺陷产生原因的支持以及验证检验结果对缺陷产生原因的支持等。这个结论必须满足以下几个条件：

（1）明确缺陷产生机理；

（2）详细罗列缺陷产生条件，如材质（包括热处理状态、金相组织等，如有必要还应说明低温冲击要求和表面硬度要求）、温度、压力及介质（包括介质中的有害成分含量、pH值等）；

（3）缺陷产生过程描述，必须能够解释伴随缺陷产生的所有表象；

（4）缺陷处理建议；

（5）缺陷预防措施。

表 2.12 中列出了缺陷分析结论的主要内容。

表 2.12　缺陷分析结论信息

九	分析结论信息		
1	缺陷机理		
2	缺陷产生原因		
3	缺陷控制因素		
4	缺陷处理建议		
5	其他		

2.6.5　处理措施

缺陷分析的目的不同，分析后的处理方法也有区别。缺陷分析的作用大致有以下几个：

（1）分析缺陷产生的原因；

（2）区分造成缺陷的责任；

（3）识别压力容器的运行风险；

（4）预防缺陷的产生，保证压力容器安全平稳运行。

压力容器发现了缺陷是一定要进行处理的，当然保留缺陷观察运行也是缺陷的处理措施之一。完成了前面描述的缺陷分析各环节之后，我们对缺陷的产生原因就有了一个清晰的认识，同时也就可以提出相应的缺陷处理措施及预防措施。缺陷的处理往往由用户来决定，这里所说的处理措施指的是专业分析机构向用户提出的处理建议。科学地得出缺陷分析结论后，事故的责任方就可明确认定。识别运行风险主要是确认造成缺陷的原因在今后的运行当中是否仍旧存在，能否有效排除。如果压力容器在今后的运行中消除了产生缺陷的诱因，容器的安全平稳运行就有了保证。

在这里需要强调的是分析机构提出的处理措施首先要考虑可行性，如果提出的处理措施无法实现，则用户对分析结果的认可将大打折扣。其次要考虑经济性，如果风险不大，而处理的成本很大，则用户很难采纳处理建议。另外建议的处理措施一定要和分析结果具有逻辑关系，如分析机构经常建议用户修复或更换容器，可是产生缺陷的诱因没有消除，修理或更换后的容器照样还会产生缺陷。表2.13列出了常用的缺陷处理措施。

表 2.13　处理措施信息

十	处理措施信息		
1	修复措施		
2	预防措施		
3	其他措施		
4	处理结果		
5	其他		

2.6.6　分析结果验证

这里的分析结果验证不同于前面所述的验证检验，指的是缺陷分析结果的正确性验证。缺陷分析结果包括分析结论、分析后所采取的处理措施以及为防止缺陷再发生而采取的预防措施。结果验证应该是以上措施都落实后，压力容器运行了一段时间，针对上次发生的缺陷进行检验，检验是否缺陷仍然会出现，或者有没有产生新的缺陷，以验证处理结果是否有效。表2.14列出了结果验证包含的内容。

但是由于结果验证需要的时间相对较长，缺陷分析报告往往不包括这一方面的内容。但是由于分析过程中包含了太多的前提和假设，单凭推理就保证分析结论的正确性是不严密的。这一问题需要从两个方面来解决，一个是在分析过程中与委托方做一个约定，在问题容器处理完成并运行一段时间后再做一定程度的检验，最后验证分析结果，使得分析过程完全封闭。另一个就是积累大量的完整封闭的分析案例，用大量成功的案例来证明分析结果的正确性。

表 2.14　结果验证信息

十一	结果验证信息	
1	验证方法	
2	验证周期	
3	验证结果	
4	其他	

经过以上讨论，我们得到了缺陷分析过程的大致轮廓，在这里我们梳理出缺陷分析的通用过程。图2.8是缺陷分析流程图。

缺陷分析的流程中首先是收集资料，其中缺陷的相关信息首先用于缺陷类型筛选，缺陷类型筛选的目的主要是确定需要分析的缺陷类型。

缺陷类型确定后下一步就要做缺陷产生机理筛选，机理筛选的主要依据是缺陷类型和收集到的相关信息。信息收集越全

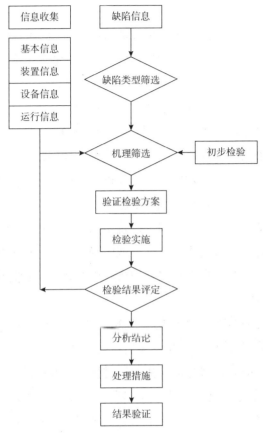

图 2.8　缺陷分析流程图

面、越完整，越有利于机理的筛选。初步检测的结果对于机理的筛选会有很大的帮助，但不是所有的缺陷分析过程都包括检测这一步骤，如果没有这一步骤，在后面的验证检验中可能要增加其中的某些检测内容。

机理筛选完成后，接下来就要制定验证检验方案，所选择的验证检验手段可以是单一的，也可以是组合的，检验结果应能够给出所筛选机理的支持证据，同时能够排除其他的可能机理。

验证检验完成后，每一项验证检验应有独立的检验报告。根据各项检验报告的结论评估检验结果对筛选机理的支持。如果结果支持筛选的机理，则缺陷分析工作成功；否则应重新补充收集信息，根据检验结果及补充收集的信息重新进行以上工作，直至验证检验结果能够支持所筛选的机理为止。

本书中描述的缺陷产生机理，都是已知的，得到过试验验证。如果是未知的失效机理，其分析过程远较上面陈述的过程复杂，是本书的分析方法无法解决的。

明确了缺陷产生的机理，也就明确了缺陷产生的条件，相对来说缺陷所能够造成的危害也就明确了。我们能够根据缺陷产生的机理向用户提出缺陷处理措施以及在今后运行中预防缺陷产生的措施。

缺陷处理完成，相应的有效预防措施也在运行中得到落实，在压力容器运行一段时间后，对压力容器再进行一次检验，检验中应有针对性地检测分析过程中涉及的缺陷，确定没有产生新的同类缺陷或其他缺陷后，则能够说明处理措施有效，也就完成了缺陷分析的结果验证过程，至此缺陷分析工作圆满完成。

第3章 开裂分析

开裂在压力容器中是比较常见的缺陷，同时也是危险性最大的缺陷，它的表现形式多为裂纹，严重的会直接发展为断裂。对开裂的分析头绪较多，分析过程也相对复杂。由于开裂对压力容器的安全影响很大，所以相关研究也比较多，在分析过程中可选择的检验方法也比较多。引起开裂的原因很多，对于不同原因引起的开裂，其分析方法也不同。万变不离其宗，开裂分析的过程离不开本书第2章中所描述的筛选验证模式。开裂分析的方法主要有机理筛选和验证检测两种。这两种方法互为补充，缺一不可。在本章中我们着重描述开裂分析的筛选顺序和筛选依据，介绍开裂分析的验证检验方法。

3.1 开裂的分类

首先要根据引起开裂的原因对开裂做一个分类，所有的开裂都与开裂部位的应力有关，造成开裂的应力水平可以分为应力开裂和低应力开裂两大类。在分析开裂时，首先要搞清开裂部位的应力水平。应力水平分析大致可分为定性分析和定量分析两种。通过应力分析，就可以区分所要分析的开裂属于应力开裂还是低应力开裂。应力分析时，必须考虑开裂部位的变形和减薄。如果开裂部位的应力水平符合相关规范的要求，则需要考虑是否有超温或局部超温的情况发生，或者局部的温差应力过高。如果能够排除温度的影响，则应考虑有无材质劣化的情况发生。如果这一情况也得到排除，则应考虑环境辅助开裂。

表 3.1 中给出了在石油化工装置中经常出现的开裂形式分类。所谓开裂分析的筛选过程就是对这些开裂机理一一比较，逐个排除，排除不了的就要进行验证检验，最终确定开裂机理。下面我们对表中所列的开裂机理做一个简要说明。

表 3.1　开裂形式分类表

开裂分类	开裂性质		机理	材料	影响温度	其他
应力开裂	应力高	应力开裂	整体或局部应力过高	所有材料		
		疲劳	交变应力及波动频次高	所有材料		
			热疲劳	所有材料		
	强度低	超温	高温下材料强度下降	所有材料		
		材料劣化	石墨化	碳钢、低合金钢	427~593℃	
			球化	碳钢、低合金钢	440~760℃	
			应变时效	碳钢		
			蠕变	所有金属		

46

	开裂分类	开裂性质	机理	材料	影响温度	其他
低应力开裂	脆性断裂	脆断		所有材料		
		回火脆		铬钼钢	343~593℃	
		475℃脆化		含铁素体SS、双相钢	316~549℃	
		σ相脆化		SS、双相钢	538~954℃	
	环境影响开裂	Cl⁻SCC		奥氏体SS	>60℃	
		碱脆		所有材料		
		氨应力腐蚀		碳钢、低合金钢		含水小于0.2%
低应力开裂	环境影响开裂	湿H₂S应力腐蚀		碳钢、低合金钢	82℃以下	0.0003MPa、237HB
		PASCC		奥氏体SS		
		碳酸盐SCC		碳钢、低合金钢	>93℃	二氧化碳含量超过2%
		腐蚀疲劳		所有材料		
		高温氢损伤		碳钢、低合金钢		

1. 应力开裂

应力开裂是由于容器整体或局部应力过高造成的开裂，其筛选条件是按照产品标准给出的强度计算公式计算开裂部位的工作应力，如果大于材料许用应力，则判断为应力开裂，这是应力开裂的定性分析。如果开裂部位的工作应力无法按照标准中给出的公式计算，则需要通过应力分析，计算出开裂部位的一次应力和二次应力，按照相关准则判断应力水平是否足以造成开裂，这就是应力开裂的定量分析。

2. 疲劳开裂

疲劳开裂是材料在交变应力作用下发生的开裂，交变应力可以是工作应力、温差应力，或者是外部施加的应力。疲劳开裂的断口具有典型的特征，如图 3.1 和图 3.2 所示。筛选条件主要是交变应力。

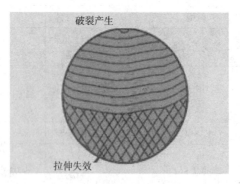

图 3.1　疲劳断口示意图

图 3.2　疲劳断口照片

热疲劳是温度改变产生的循环应力所致。表面温度的快速改变引起部件沿厚度方向或沿表面出现一个热梯度，产生温差应力，从而导致损伤。热疲劳裂纹通常相对于应力呈横向传播，而且通常是剑形、穿晶的，且充满氧化物。

3. 超温

压力容器局部超过设计温度导致材料强度降低，造成开裂。断口具有开放式"鱼嘴"损伤的特征，并且断口伴有显著的减薄。图3.3是一个加热炉管因局部超温造成的开裂照片，照片上显示了断口的"鱼嘴"形及炉管壁的减薄。

图3.3 炉管超温断口照片

4. 石墨化

石墨化是某些碳钢和0.5Mo钢在427~593℃长时间工作后，其金相组织发生的变化。这种变化可能造成强度、韧性或抗蠕变能力的下降。在高温时，钢中的碳化物相不稳定并会分解为球墨，这种分解被称为石墨化。

5. 球化

球化是碳钢和低合金钢暴露在440~760℃条件下时金相组织出现的变化，碳钢的碳化物相不稳定，并且可能从其正常的片状聚结成球状，或者从在低合金钢（如1Cr-0.5Mo）中的小的、非常分散的碳化物变成大的、聚结成块的碳化物。球化可能造成强度和蠕变抗力的损失。

6. 应变时效

应变时效是在中温下因变形和劣化双重作用所致的损伤，主要出现在较老的钒碳钢和 Cr–0.5Mo 低合金钢中。它会导致硬度和强度的增加并伴有延性和韧性的减少。应变时效会导致脆性裂纹的出现，脆性裂纹可通过详细的金相分析发现。但是，绝大部分的损伤只有在破裂已出现后才能被识别。

7. 蠕变

高温下，金属在低于屈服应力的载荷下会缓慢地持续变形，这种变形被称为蠕变。蠕变带来的损伤最终会引发开裂。蠕变的产生与材料、应力负荷和温度相关。负荷和温度比较敏感，温度升高 12℃ 或者应力增加 15% 时金属的剩余寿命会下降一半或更多。金属温度超过表 3.2 中的阈值，就会发生蠕变。

表 3.2　蠕变的阈值温度

材料	阈值温度 /℃
碳钢	370
Cr–0.5Mo	400
1.25Cr–0.5Mo	425
2.25Cr–1Mo	425
5Cr–0.5Mo	425
9Cr–1Mo	425
304H SS	480
347H SS	540

8. 脆断

脆断是在应力（包括残余应力）下发生的突然的快速断裂，发生脆性断裂的材料没有或只有轻微的塑性变形。脆断只在金属温度低于脆性转变温度的条件下发生，这时材料韧性会显著下降。

9. 回火脆

回火脆是由于金相改变造成的韧性降低，发生在长期暴露在 343~593℃温度范围内的某些铬钼低合金钢上。回火脆使金属的脆性转变升高。降低金属材料的回火脆倾向的常用方法是控制金属材料的"$J*$"系数和焊接金属的"X"系数：

$J*=$（Si+Mn）×（P+Sn）×10^4（成分以质量百分比计）

$X=$（10P+5Sb+4Sn+As）/100（成分以 ppm 计）

10. 475℃脆化

475℃脆化是金相改变造成的韧性损失，含铁素体相的合金暴露在 316~ 540℃的温度范围内可能发生。损伤是积累性的，在 475℃左右时最可能出现脆性相，当温度高于或低于 475℃时，积累的速度较慢。硬度测定的结果可反映脆化的倾向。

11. σ 相脆化

σ 相脆化是指不锈钢暴露在高温下而出现韧性损失。铁素体（Fe–Cr）、马氏体（Fe–Cr）、奥氏体（Fe–Cr–Ni）和双相不锈钢暴露在 538~954 ℃的温度范围内会产生 σ 相。

12. 氯离子应力腐蚀开裂（Cl-SCC）

奥氏体不锈钢在拉应力和氯离子的共同作用下，在其表面产生的开裂称为氯离子应力腐蚀开裂（Cl-SCC）。其影响因素主要有氯离子浓度、pH 值、温度、拉应力、氧气的存在和合金成分。温度升高提高了开裂的敏感度，在金属温度高于 60℃时会出现裂纹。应力腐蚀开裂（SCC）通常在 pH 值大于 2 时发生，当 pH 值较低时主要表现为均匀腐蚀。正常情况下，溶解在水中的氧气会加剧 SCC。镍含量对耐腐蚀性有主要影响，当镍含量在 8%~12% 时，敏感性最大；镍含量超过 35% 时，合金的耐腐蚀性很强；当超过 45% 时，合金几乎不受腐蚀影响。低镍不锈钢（如双相钢比 300 系列不锈钢）更耐应力腐蚀。碳钢、低合金钢和 400 系列不锈钢对 Cl-SCC 不敏感。Cl-SCC 的裂纹有很多分支并且在表面有肉眼可见的龟裂外观（图 3.4）。裂纹的金相照片显示出典型的有分支的穿晶裂纹（图 3.5 和图 3.6）。

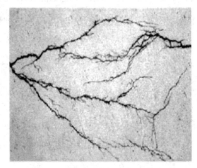

图 3.4　Cl-SCC 的裂纹　　　图 3.5　微观的 Cl-SCC 的裂纹

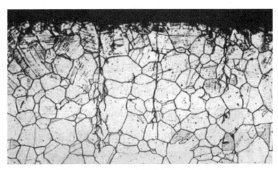

图 3.6　Cl⁻SCC 的裂纹的金相照片

13. 碱脆

碱脆是应力腐蚀开裂的一种形式，开裂主要出现在暴露于碱性环境的焊缝相邻区域。由于富集现象的存在，裂纹在低碱浓度水平时也会出现。

14. 氨应力腐蚀开裂

碳钢在无水氨中会发生应力腐蚀开裂（SCC），裂纹常出现在焊缝和热影响区。

15. 湿 H_2S 应力腐蚀开裂

湿 H_2S 应力腐蚀开裂（SSC）目前也称为硫化物应力腐蚀开裂，是在水和硫化氢环境中拉应力和腐蚀共同作用下产生的开裂，其机理是金属吸收原子氢引起的氢应力开裂，原子氢是在金属表面发生的硫化物腐蚀过程中产生的。SSC 通常在碳钢和低合金钢的焊缝金属和热影响区的高强度区域出现，焊后热处理（PWHT）有助于降低硬度和残余应力，从而降低敏感性。高强钢的母材也对 SSC 敏感。

SSC 影响因素主要包括环境条件（pH 值、硫化氢浓度、杂质、温度）、材料性能（硬度、金相组织、强度）和拉应力水平（施加的或剩余的）。气相中硫化氢的分压 >0.0003 MPa 或水相中硫化氢的含量分压 >50 μg/g 时就有 SSC 的可能，随着硫化氢分压增加，水相中硫化氢浓度也同时增加，氢渗透会增加。焊缝热影响区硬度高于 237 HB 时，会增加 SSC 的敏感性。SSC 通常在 82℃以下发生。

16. 连多硫酸应力腐蚀开裂

连多硫酸应力腐蚀开裂（PASCC）是敏化的奥氏体不锈钢

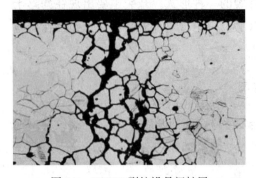

图 3.7 PASCC 裂纹沿晶间扩展

在连多硫酸的作用下产生的开裂，裂纹在晶间扩展（图 3.7）。通常在压力容器停工时，硫化亚铁、空气和水发生反应生成连多硫酸。开裂往往邻近焊缝或者高应力区域，可能在几分钟或几小时内快速形成。

"敏化"是指金属晶粒间碳化铬的形成，这取决于成分、时间和温度，敏化在 400~815 ℃的温度范围内发生。

17. 碳酸盐应力腐蚀开裂

碳酸盐应力腐蚀开裂是指在拉应力和碳酸盐的联合作用下，碳钢和低合金钢表面发生的开裂，与碱应力腐蚀开裂类似。

18. 腐蚀疲劳开裂

腐蚀疲劳开裂是由交变载荷和腐蚀的联合作用而形成的。开裂通常从应力集中区开始，可能有多个裂纹同时出现。产生腐蚀疲劳的关键因素是材料、腐蚀环境、交变应力和应力集中。与单纯的机械疲劳相反，腐蚀疲劳没有疲劳极限载荷。腐蚀疲劳能在比正常疲劳极限更小的应力和很少循环次数下产生开裂，而且会出现多个平行的裂纹扩展。

疲劳开裂断口是脆性的，而且裂纹绝大多数属穿晶的，与应力腐蚀开裂类似，但是裂纹没有分支，会表现出很小的塑性变形，但是最终断裂会因为机械过载而发生并伴随塑性变形。

19. 高温氢损伤（HTHA）

高温氢损伤是由温度和氢分压造成的。渗透到钢中的氢原子和钢中的碳化物发生反应生成甲烷（CH_4），甲烷的体积较大而无法从钢中扩散，同时碳化物的损失导致强度的损失，随着甲烷的增加，压力增大，形成气泡、微隙和孔洞，最终汇合形成裂纹。高温氢损伤影响因素为温度、氢分压、时间和应力，API RP 941 详细描述了产生高温氢损伤的条件。

3.2 开裂的检测与分析

3.2.1 宏观检验

1. 概述

压力容器开裂的宏观检验是对开裂部位形态进行的目视

检测，目的在于从总体上大致了解容器的开裂情况，如开裂部位、裂纹数量、扩展形态等，并对其周边进行观察，主要考虑失效构件与邻近非失效构件的关系，失效构件与周围环境的关系。通过宏观检验结果，可以大致设想可能与环境发生哪些问题，逐个列出失效因素，对照调查、检测、试验所得到的信息，逐个筛选。压力容器的开裂不一定是由单一的影响因素造成的，更多的时候是多种因素综合影响的结果，这时候我们就要通过检验、筛选、验证的过程来确定开裂的原因。开裂的宏观检验是开裂缺陷分析的关键环节。

2. 宏观检验方法

检验前，检验员需掌握自上次检验后至今该容器的压力、温度和工作条件，并了解设备的制造细节，包括制造材料、内部附属装置及焊接的细节，制定详细的检验方案，根据操作状况确定是否存在异常的工作条件，或异常的操作参数，以确定开裂的类型、部位及其他可能出现的失效形式。

宏观检验可分两步进行。第一步，设备原始开裂形态的观察，即在发现容器开裂后的第一安全时间对其开裂宏观形貌进行检验，主要内容包括：容器整体有无变形，开裂部位周边零部件及设备有无泄漏、变形等，容器整体及泄漏部位防护层有无破损，裂纹所在部位、扩展方向、表面有无腐蚀及容器焊缝成形质量等。宏观检验内容及步骤如表3.3所示。

表3.3　宏观检验记录表1

设备名称		设备位号	
检验部位	检验项目	检验结果	
容器本体	变形或涨粗		
	保温层是否完好		
	防护漆是否完好		
	有无腐蚀		
	腐蚀产物颜色及形态		
	焊缝成形质量		
	周边设备有无变形、泄漏		
	外壁有无分层、剥落		
开裂部位	开裂部位		
	有无腐蚀		
	腐蚀产物颜色及形态		
	裂纹长度		
	启裂部位		
	扩展方向		
	扩展形态		
	裂纹数量		
	周边零部件有无变形		
	周边焊缝成形质量		

第二步，对裂纹周边附着物及产物进行清理，使裂纹更清晰地显示出来。容器开裂如伴随泄漏会有介质逸出，附着在泄漏点及周边，为了能更清晰地显示裂纹，需对容器表面进行处理。容器表面的附着物可用3%~5%的碳酸钠水溶液或10%~15%的硝酸水溶液刷除，然后用水洗净、吹干，也可用热水直接洗刷、吹干。除常规清洗外，还可用钢丝刷清理、喷

砂、高压水清洗、切削、打磨或综合运用以上几种方法。对于一些细小裂纹通过以上方法不能很好地显示时，可采用精细打磨和腐蚀的方法进行。常用的精细打磨是通过砂轮机完成，根据具体情况可用 80#、240#、320#、400#、600#、800# 砂轮片打磨，之后选取合适的腐蚀剂进行擦拭，腐蚀过程需随时注意裂纹的显示情况，切勿腐蚀过重，以免影响观察。宏观检验常用清洗剂如表 3.4 所示（参考 GB/T 226《钢的低倍组织及缺陷酸蚀检验法》），此时，宏观检验可依据表 3.5 进行。

表 3.4　宏观检验常用清洗剂

腐蚀方法	钢种	清洗时间 /min	清洗剂	温度 /℃
热酸擦拭法	碳素钢和低合金钢	5 ~ 20	1：1（容积比）工业盐酸水溶液	60 ~ 80
	高合金钢	20 ~ 40		
		5 ~ 25	10：1：10（容积比）盐酸硝酸水	60 ~ 70
冷酸擦拭法	碳素钢和低合金钢	—	10% ~ 20% 过硫酸铵水溶液	—
			10% ~ 40% 硝酸水溶液	
	高合金钢	—	王水	
			硫酸铜 100g，盐酸和水各 500mL	

表 3.5　宏观检验记录表 2

设备名称			设备位号	
清洗方法及清洗剂	检验部位	检验项目	检验结果	
	容器本体	表面有无腐蚀		
		产物颜色及形态		

设备名称			设备位号	
	开裂部位	开裂部位		
		有无腐蚀		
		腐蚀产物颜色及形态		
		裂纹长度		
		启裂部位		
		扩展方向		
		扩展形态		
		裂纹数量		
		周边零部件有无变形		
		周边焊缝成形质量		

3. 宏观检验的结果评定

通过上面描述的方法可将容器裂纹清晰地显示出来，依据裂纹宏观形态，可分为直线形、开口形、树枝形和网状裂纹，通过对裂纹形态的观察及设备运行情况，可初步判断容器开裂的可能原因。

（1）直线形裂纹

裂纹呈直线、无分叉，裂纹周边亦无剪切唇或局部颈缩现象，这种类型的开裂一般称为脆性开裂，脆性开裂是在应力的作用下突然快速开裂，此时材料呈现出很少或没有延展性及塑性变形的迹象，如图 3.8 所示。

图 3.8 阀门焊缝处裂纹

脆性开裂常见的可能失效原因有石墨化、回火脆化、应变时效、475℃脆化、σ 相脆化等。

石墨化是某些碳钢和 0.5Mo 钢在 427~593℃温度范围长期运行，金相组织中的碳化物分解为石墨球，导致材料强度、延展性和抗蠕变能力显著降低而引起材料的脆性开裂。石墨化可能发生在催化裂化装置的废热锅炉、省煤器等设备。

回火脆化是由于金相改变造成的韧性降低，发生在一些长期暴露在 343~593℃范围环境内的低合金钢上。对回火脆化的敏感性很大程度上取决于是否存在合金元素锰和硅以及杂质元素磷、锡、锑和砷，2.25Cr–1Mo 低合金钢尤其敏感，3Cr–1Mo 和高强度低合金 Cr–Mo–V 转子钢也会发生回火脆化。一些脆化会在制造热处理时发生，但是大多数损伤是在脆化温度范围内多年使用期间发生的。对回火脆化敏感的设备有加氢装置，尤其是反应器、热进料 / 废水交换器部件和热高压分析器，另外，催化重整装置（反应器和交换器）、流化床催化裂化装置反应器、焦化设备和加氢裂化装置也有回火脆化的可能，一般来讲，这些合金的焊缝经常比母材更敏感。

应变时效是在一中间温度下变形和老化的共同作用，多见于较老（80年代前）具有大晶粒的碳钢及C–0.5Mo低合金钢。钢的组成及制造过程决定了钢的敏感性，碳和氮含量较高的沸腾钢和半镇静钢、经冷加工且没有经过消除应力就投入到中间温度下使用的材料敏感性较高。如果设备本身存在裂纹，材料经塑性变形，并暴露于中间温度下，则已变形的区域会发生应变时效。另外，敏感材料裂纹及剖口附件焊接时也可引起应变时效。

475℃脆化是在316~540℃温度范围内，含铁素体相的合金发生的脆化。400SS系列合金，2205、2304、2507等双相不锈钢及含铁素体，特别是含焊缝和堆焊层的300系列锻造和铸造不锈钢较为敏感。高温下的分馏塔和内件，流化床催化裂化装置中使用的容器以及常压、真空和焦化装置易出现475℃脆化。大部分脆化是在检修期间或开车、停车期间，当材料处在低于大约93℃时以开裂形式发生。

σ相脆化是σ相在不锈钢中析出引起的脆化。析出温度大约在538~954℃，300系列不锈钢锻造金属、焊接金属以及铸件，铸造300系列不锈钢，包括HK和HP合金，由于其铁素体含量高（10%~40%），对σ相形成特别敏感；400系列不锈钢、双相不锈钢和其他含铬量高于17%的铁素体及马氏体不锈钢也很敏感。含有σ相的不锈钢通常可以承受正常运行压力，但在冷却至低于260℃的温度时，可能表现出完全缺乏断裂韧性特征。高温流化床催化裂化再生器环境中的不锈钢易发生σ相脆化。

（2）开口形裂纹

裂纹呈开口式，断口边缘呈刀刃状，裂纹周边可能存在变形或涨粗，裂纹边缘存在多条平行裂纹。这种类型的开裂一般与高温或减薄有关，常见的失效原因有球化、减薄、蠕变和应力断裂、热疲劳、超温，裂纹形貌如图3.9所示。

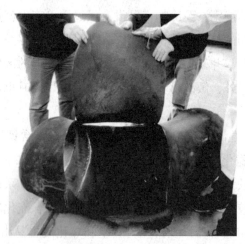

图3.9　合成氨锅炉给水预热器出口管线弯头

球化主要发生在碳钢和低合金钢中，是指材料在440~760℃的温度范围内运行时，组织中珠光体分解并扩散。球化导致材料强度、硬度降低，在很高的外应力作用下开裂，裂纹周边或断面存在塑性变形。流化床催化裂化装置、催化重整和焦化装置中的热壁管道、锅炉等都易发生球化开裂。

容器或管壁厚减薄，材料强度降低，在外应力的作用下可能导致开裂，裂纹周边或断面存在塑性变形。减薄一般由腐蚀造成，冲刷会加剧腐蚀和减薄的速度。

在高温下，金属部件在低于屈服应力的载荷下会缓慢不断地变形，最终导致的开裂称为蠕变和应力开裂。所有金属和合金都有可能发生蠕变失效，开裂之前一般会出现明显的鼓胀。热壁催化重整反应器、催化裂化反应器、分馏塔、再生塔内件等都易发生蠕变，继而发生应力开裂。

另外，由于温度变化引起的热疲劳也会导致开裂，尤其在重复热循环下，相对运动或不均匀膨胀受到约束的部位。热疲劳裂纹萌生于容器或部件表面，裂纹分布面很宽，可能是单个或多个裂纹，并且裂纹内常充满氧化物。易发生的部位有焦炭塔裙座、过热器、再热器的相邻管子之间的刚性连接部位以及吹灰器接管存在冷凝水的部位。

受火加热器、锅炉、废热交换器、氢重整器、蒸汽发生设备等因局部超温，材料发生永久性的变形，当变形量达到3%~10%或更高时，在应力作用下也可导致开裂，开裂呈敞开的"鱼嘴"形，断口表面会出现减薄或刀刃状特征。

（3）树枝形裂纹

裂纹呈放射状、存在较多分叉，启裂于容器或部件表面，如图3.10所示。这种类型的开裂一般与环境应力开裂有关，常见的有胺应力腐蚀开裂、氯化物应力腐蚀开裂。

胺应力腐蚀开裂是一种碱性应力腐蚀开裂，常见于未经焊

图3.10　工艺冷凝液管线

后热处理的碳钢焊接件；另外，在乙醇胺和二乙醇胺的环境中极易发生胺开裂，甲基二乙醇胺和二异丙醇胺的环境中也有发生的可能。裂纹主要在焊缝热影响区、平行于焊缝方向扩展，接管表面母材也可能出现裂纹。

氯化物应力腐蚀开裂是由处于应力、温度和含水氯化物环境的共同作用而导致的开裂。主要发生在 300 系列不锈钢和一些镍基合金（镍含量在 8%~12%）中，应力腐蚀开裂发生时，介质 pH 值一般高于 2，温度在 60℃以上，应力可能是外加应力或残余应力。任何工艺装置中，所有的 300 系列不锈钢容器部件都对氯化物应力腐蚀开裂敏感。

（4）网状裂纹

裂纹呈网状，由较多小裂纹相互连接而成，这种形态的裂纹常见的失效原因有碳酸盐应力腐蚀开裂、连多硫酸应力腐蚀开裂，裂纹形貌如图 3.11 所示。

碳酸盐应力腐蚀开裂如果发生在钢材表面，则可能呈网状。材料表面形成硫化物结垢，结垢与空气（氧气）和水发

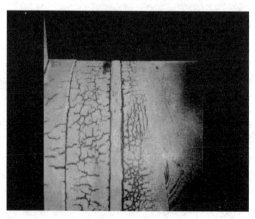

图 3.11　焊缝周围网状裂纹

生化学反应形成含硫的酸（连多硫酸）而引起的开裂。开裂主要发生在敏化的 300 系列不锈钢、合金 600/600H 和合金 800/800H 中，通常在焊缝和应力较高部位易发生开裂。易受影响的设备有加氢装置（加热器、热进料/出料交换器）、原油蒸馏装置和暴露于含硫燃烧产物的锅炉和高温设备。

4. 宏观检验结果

宏观检验是裂纹分析关键的一步，某炼油厂加氢换热器分层隔板发生开裂，如图 3.12 所示。依据表 3.3、表 3.5 的内容对该设备进行宏观检验，检验结果如表 3.6、表 3.7 所示。通过宏观检验结果我们可以发现，分层隔板启裂于管板法兰端，两侧启裂，沿隔板与筒体连接焊缝成形方向扩展，且隔板变形严重，初步猜测隔板开裂与温差应力过高或强度不足有关，所以我们需做进一步的工作去判断应力的来源或者找出强度不足的证据，如应力计算，断裂面附近金相组织、断裂面微观形貌分析等，分析导致开裂的根本原因。

图 3.12　加氢换热器分层隔板开裂

表 3.6　加氢反应器宏观检验记录表（一）

设备名称	加氢反应器	设备位号	—
检验部位	检验项目	检验结果	
容器本体	变形或涨粗	无	
	保温层是否完好	拆除	
	防护漆是否完好	完好	
	有无腐蚀	外壁无腐蚀、内壁存在腐蚀	
	腐蚀产物颜色及形态	内壁附着有褐色、黑色及黄色块状垢物	
	焊缝成形质量	筒体焊缝成形较好	
	周边设备有无变形、泄漏	无	
	外壁有无分层、剥落	无	
开裂部位	开裂部位	分层隔板近焊缝母材	
	有无腐蚀	有	
	腐蚀产物颜色及形态	附着有黑色、褐色油泥状垢物	
	裂纹长度	左侧 800mm，右侧 1200mm	
	启裂部位	近管箱法兰侧	
	扩展方向	沿焊缝成形方向扩展	
	扩展形态	直线形扩展，裂纹无分叉	
	裂纹数量	2 条	
	周边零部件有无变形	无	
	周边焊缝成形质量	较好	

表 3.7　宏观检验记录表（二）

设备名称			设备位号	
清洗方法	检验部位	检验项目	检验结果	
打磨	容器本体	表面有无腐蚀	外壁无腐蚀、内壁轻微腐蚀	
		产物颜色及形态	腐蚀坑内附着有黄褐色垢物	

设备名称			设备位号	
清洗方法	检验部位	检验项目	检验结果	
高压水冲洗	开裂部位	开裂部位	近焊缝母材	
		有无腐蚀	有	
		腐蚀产物颜色及形态	腐蚀坑内附着有褐色、黑色产物	
		裂纹长度	左侧 800mm，右侧 1200mm	
		启裂部位	近管箱法兰侧	
		扩展方向	沿焊缝成形方向扩展	
		扩展形态	直线形扩展，裂纹无分叉	
		裂纹数量	2 条	
		周边零部件有无变形	无	
		周边焊缝成形质量	较好	

3.2.2　金相检验

1. 概述

金相检验是人们通过金相显微镜来研究金属和合金显微组织的一种检验方法，其检验内容包括显微组织的性质、形态、大小、数量和分布，它在金属材料研究领域占有很重要的地位。通过金相检验可以了解金属材料组织是否正常、有无缺陷，主要针对非金属夹杂物、晶粒度、显微组织、带状组织等。在压力容器开裂分析中，除上述内容外，还可通过金相检验显示裂纹形态，判断启裂区、裂纹扩展方向及裂纹内有无腐蚀产物等。

2. 检验方法

在压力容器开裂的金相检验中，因涉及裂纹的存在，与常规金相检验存在一定差别。金相检验的过程主要有取样、样品制备和结果评定三个方面。图 3.13 概括了压力容器开裂分析中金相检验的主要内容。在开裂容器上提取的试样应能准确、完整反应裂纹特征；试样在制备过程中需避免裂纹内水渍的渗出，保证裂纹清晰、组织明确。金相检验结果的评定主要有显微组织分析和裂纹形态分析两个方面：显微组织分析是为了评定分析容器材质有无劣化以及裂纹区与未开裂区组织有无差异；裂纹形态分析是为了确定启裂源、扩展方式及裂纹内有无腐蚀产物等。

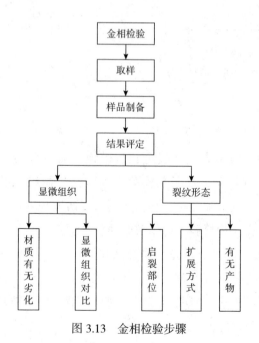

图 3.13　金相检验步骤

取样部位及检验面的确定是开裂分析金相检验的关键步骤，所取试样应既能全面反应试样组织特征，还可判断开裂相关信息。在取样过程中尽量取其全厚度截面试样，如若不能实现，可分别在其启裂部位、裂纹中部和裂纹尖端取样，以更明确地判断裂纹扩展方向、扩展形态，并重点观察启裂区、裂纹尖端与无裂纹部位组织；另外，在截取金相试样之前，应完成对失效表面宏观形貌和垢物分析的研究，或者至少应完成记录失效的情况，然后在正常部位取样，以完成显微组织对比。

下面我们以一台 LNG 储罐开裂分析中的金相检验为例，详细说明压力容器开裂分析中金相检验取样的实施过程。LNG 储罐在渗透检测中发现下封头近焊缝部位开裂，裂纹位于封头侧近焊缝母材部位，如图 3.14 所示。在开裂分析过程中，金相检验的目的主要有三个：

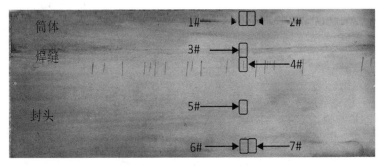

图 3.14　金相检验示例

（1）开裂部位金相组织与未开裂部位有无差别，差别在哪里，最好是定性和定量同时分析；

（2）裂纹启裂的具体部位在哪里，是热影响区、熔合线还是母材，裂纹是何种扩展方式，沿晶还是穿晶；

（3）在实际检验过程中如果发现组织异常，应根据具体情况增加检验内容及数量，例如，6#试样显微组织与3#、4#、5#均为不合格组织，则应考虑截取距焊缝更远部位的试样，以确定该封头是整块板片组织都合格、都不合格还是某一距离范围内不合格。

针对以上目的，至少需要截取7个金相试样，取样部位标注在图3.14中，取样部位详细说明如表3.8所示。

表3.8　取样部位说明

样品编号	取样部位	检验面	检验内容	
1#	筒体	横截面	显微组织	不同部位筒体母材显微组织比较
2#	筒体	纵截面	非金属夹杂物、显微组织	
3#	焊缝	焊接接头截面	显微组织	不同部位封头母材显微组织比较
4#	封头	裂纹面（内壁）	显微组织；启裂部位、裂纹扩展方式、裂纹内有无产物等	
5#	封头	横截面	显微组织	
6#	封头	横截面	显微组织	
7#	封头	纵截面	非金属夹杂物、显微组织	

因裂纹的存在，金相检验样品制备难度较无裂纹试样大，在样品制备过程中需借助镶嵌等手段保证检验面的垂直度及内、外表面的完整性。例如，检验过程中需要对容器内、外侧显微组织进行观察，试样以壁厚截面为检验面，则要保证试样边缘无倒角，平整、清晰地显示两侧组织；再者，对于裂纹试样，样品制备的吹干环节尤为重要，可采用酒精溶液浸泡、长时间、快速、低温烘干等措施，保证裂纹内无水渍，不影响裂纹形态及组织的判断。

显微组织的观察与评定可借助于放大镜、显微镜及相关分析软件进行。但是裂纹试样的检验从宏观转到微观，因放大倍数在 ×10~×4000 不等，裂纹长度超过显微镜视场尺寸，不能通过 1 张照片显示整条裂纹形态，这就需要在实际操作中通过照片拼接的方式来实现。其次，微观下显示的裂纹数量可能较多，可根据裂纹位置、特征等挑选典型的、对分析有利的裂纹进行拍摄；由于光学显微镜方法倍数的限制，对于某些无法精准判断的组织或组织成分，如不锈钢的敏化，可采用扫描电镜、电子探针等设备辅助判断。

3. 金相检验结果评定

开裂试样金相检验结果的评定主要有两个方面：一方面是容器材料的显微组织，重点观察显微组织是否符合要求、材质有无劣化以及裂纹周边与其他部位显微组织是否一致；另一方面是裂纹形态，重点观察裂纹的启裂部位、扩展方式和裂纹内有无腐蚀产物等。

一般来说，材质劣化会引起材料强度的下降，易引起容器开裂，常见造成材质劣化的原因有很多，如冶金缺陷、热处理程度、焊接、高温服役、变形等。但在实际的检验过程中经常碰见金相组织正常、容器发生开裂的情况，这种开裂主要与容器的服役环境有关，如过载、硫化物应力腐蚀开裂、氯化物应力腐蚀开裂、铵盐应力腐蚀开裂等，此时还需结合 EDAX、X-Ray 射线衍射等方法综合分析。

（1）显微组织

不同的开裂原因具有不同的显微组织特征，常见开裂原因及特征如表 3.9 所示。

表 3.9 常见材质裂化及开裂特征

引起容器开裂原因			金相组织特征			
			裂纹周边组织与基体组织有无差别	启裂部位	裂纹扩展方式	裂纹内有无产物
显微组织不合格（材质劣化）	冶金缺陷	夹杂物超标	无	夹杂物周边	穿晶	有
		缩松、缩孔	无	缺陷周边	穿晶	无
	热处理不合格	氧化	有	容器壁表面	穿晶	有
		脱碳	有	容器壁表面	沿晶	有
		晶粒粗大	无	容器壁表面	沿晶	无
	长期高温	球化	无	容器壁表面	沿晶	有
		石墨化	无	容器壁表面	沿晶	有
		敏化	无	容器壁表面	沿晶	有
		蠕变	无	容器壁表面	沿晶	有
		氧化	有	容器壁表面	穿晶	有
		脱碳	有	容器壁表面	沿晶	有
	焊接组织应力		有	焊缝、热影响区、近缝母材	沿晶、穿晶	无
	变形		有	变形量最大部位	穿晶	无
显微组织合格	焊接氢致开裂		无	焊缝	穿晶	无
	氢脆		无	容器壁中间	穿晶	无
	碱应力腐蚀开裂		无	容器壁表面	穿晶	有
	氯化物应力腐蚀开裂		无	容器壁表面	穿晶	有
	铵应力腐蚀开裂		无	容器壁表面	穿晶	有

因开裂原因不同，部分裂纹周边组织与基体组织一致，而部分裂纹周边组织与基体组织不一致，以图 3.14 中 LNG 封头

板片为例，裂纹周边组织与基体组织存在差异。为增强对比效果，在封头开裂部位与距裂纹230mm处分别取样，显微组织如图 3.15 所示。裂纹周边组织中存在数量较多的马氏体，而远离封头边缘部位的显微组织以奥氏体为主。

　　　　(a)开裂部位　　　　　　　　　　(b)距裂纹230mm

图 3.15　封头母材显微组织对比

（2）裂纹形态

对了裂纹微观形态下启裂部位的判断，可遵从以下原则：

①对于"T"形裂纹，裂纹源一般位于主裂纹两侧；

②对于分叉形裂纹，裂纹分叉的方向为裂纹扩展方向，分叉的反方向汇集部位为裂纹源位置；

③对于一些材料内部裂纹，孔洞部位为裂纹源位置。

三种裂纹形态裂纹源的判断如图 3.16 所示。

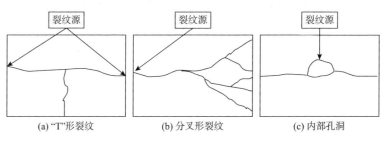

　(a) "T"形裂纹　　　　　　(b) 分叉形裂纹　　　　　(c) 内部孔洞

图 3.16　裂纹源判断示意图

裂纹扩展方式的判断首先要将金相试样腐蚀，清晰显示出裂纹形态及显微组织。裂纹沿显微组织晶界扩展的即为沿晶扩展，裂纹穿越组织晶界扩展的即为穿晶扩展，如图 3.17 和图 3.18 所示。

图 3.17　沿晶扩展形态

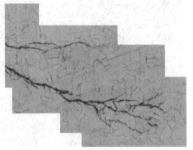

图 3.18　穿晶扩展形态

裂纹内有无产物的判断一般在金相试样抛光态下进行观察，也可在腐蚀后判断，有产物则裂纹内呈灰色，无产物则裂纹内呈黑色，如图 3.19 和图 3.20 所示。

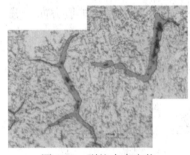

图 3.19　裂纹内有产物

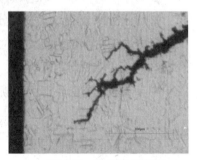

图 3.20　裂纹内无产物

4. 现场金相检测

压力容器检验过程中常因设备在役、取样难度较大等原因无法在失效部位截取试样，这种情况下可以考虑采用表面检测的金相检验技术来完成金相检验。表面检测的金相技术简单说就是以容器壁表面作为检测面，完成样品的制备，利用便携式显微镜或表面覆膜的方式辅助完成结果评定。其优点有以下三点：

（1）它属于无损检测，对容器损伤较小，检测完成不影响容器的继续使用；

（2）条件具备可以实现在役检测；

（3）检测周期缩短，实时给出检测结果。

现场金相检测也有以下局限性：

（1）检测只能在表面进行，不能对容器壁截面进行检测；

（2）因现场条件的限制，个别位置无法实现检测，制样难度大、图片质量略差。

3.2.3　断口分析

1. 概述

压力容器开裂断口是指压力容器本体及零部件在运行过程中开裂所形成的裂口断面。它的形貌特征记录了材料在载荷与环境的作用下开裂的不可逆变形，以及裂纹的萌生、扩展直至开裂的全过程。断口分析就是通过扫描电镜、透射电镜等仪器对断面微观形貌进行观察，通过观察断口特征分析引起开裂的原因。

2. 分析方法

这里所描述的压力容器断口是在使用过程中产生的，与常见的拉伸、冲击等试样断口不同，断面不可避免地会接触到工艺介质，介质与材料基体发生反应所产生的反应产物有可能附着在断口表面，影响断口的微观形貌观察和裂纹源的判断，因此压力容器开裂的断口分析有其特殊的要求。常见的断口分析步骤如图 3.21 所示。下面我们将逐一介绍每一个分析步骤的技术特点。

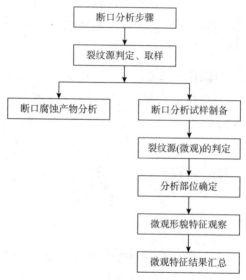

图 3.21　断口分析步骤

（1）取样

依据容器开裂裂纹的大小及宏观形态，可将取样方法分为两种。一是对于开口较大、较长的裂纹，需分别在裂纹启裂区、扩展区、裂纹尖端取样，这种情况取样相对简单，在保证断口不受热、不污染的前提下将开裂部位取下截开即可；二是对于开口较小、长度较短的裂纹，可依据裂纹宏观形态及扩展方向分别取样，样品须包括启裂区、扩展区及裂纹尖端。这样取下的裂纹没有明显的开口，打开裂纹面则需借助外力。下面以具体的例子分别做详细说明。

案例一：某石化公司废热锅炉换热管发生爆裂，换热管规格 ϕ57mm × 3.0mm，爆裂断口形貌如图 3.22 所示，因裂纹尺寸较大，且只有一个裂口，因此需根据裂口形貌特征，分别在启裂区、扩展区、裂纹尖端取样。

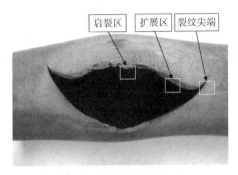

图3.22　取样部位示意图（1）

案例二：某石化公司工艺冷凝液管线，在现场检验过程中发现存在裂纹，裂纹宏观形貌如图 3.23 所示，经观察，主要有三种不同的裂纹形态，"人"字形裂纹、环向裂纹和纵向裂纹，所以，断口形貌的观察就需要在三种裂纹中各选取 1~2 条，并借助外力将裂纹打开。打开裂纹的过程中应注意避免裂纹受到

图3.23　取样部位示意图（2）

外力损伤以及腐蚀和氧化。

（2）腐蚀产物分析

断口断面的腐蚀产物分析有时对失效结果判定起着至关重要的作用，例如，原始氧化裂纹中的氧化物、腐蚀环境中的腐蚀产物等。腐蚀产物的分析要根据产物的颜色、形状、软硬程度、存在位置等分类分析。以下面的例子做详细说明。

案例三：某石化公司水冷壁管发生爆裂，如图 3.24 所示，经观察爆裂部位管壁存在减薄，未爆裂部位管内壁附着有较厚垢物，初步怀疑管壁减薄可能与内壁腐蚀有关。沿管轴线将管剖开，发现管内壁存在不同颜色垢物，故需根据颜色及存在位置的不同对垢物进行分类分析，取样部位如图 3.25 所示，分析

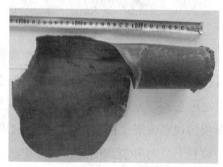

图 3.24　爆裂管

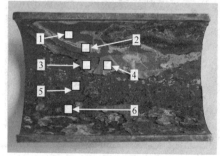

图 3.25　管纵截面取样部位

结果统计如表3.10所示。

表3.10　垢物分析结果

样品编号	垢物位置（从外向里）	垢物颜色及形状	分析结果	
			EDS	X-ray
1	第1层	砖红色，片状		
2	第2层	白色		
3	第4层	砖红色，片状		
4	第3层	浅砖红色，片状		
5	紧贴内壁部位	蓝黑色		
6	—	褐色，块状、粉末状		

（3）断口分析试样制备

断面在开裂、取样过程中或多或少都会受外界污染，为了能清晰显示断口形貌特征，需依据断面自身情况进行相应处理，图3.26给出了常用的处理过程框图，框图中显示了处理过程中的各个步骤。对于油脂污染的断口，可先用汽油、煤油洗去油腻，再把断口放入盛有丙酮、煤油等有机溶剂的玻璃器皿中，将玻璃器皿放入超声波清洗振荡器中进行超声清洗，也可用软毛刷蘸上有机溶剂清洗。对于在潮湿空气中暴露时间比

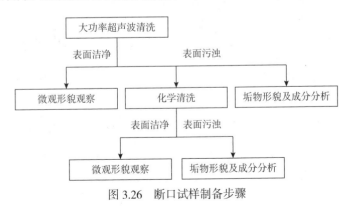

图3.26　断口试样制备步骤

较长、锈蚀比较严重的断口，去除氧化膜或腐蚀产物后才能观察，可采用有机溶液、超声波和铜质刷刷洗。对于断口表面锈蚀较为严重，超声波清洗效果不理想的，可采用化学清洗的方法清洗断口。常用断口化学清洗液如表 3.11 所示，电解液如表 3.12 所示。经化学清洗后的断口应立即放入稀 NaR_2RCOR_3R 或 NaR_2RHCOR_3R 水溶液中清洗，然后再用蒸馏水、酒精清洗，吹干保存。

表 3.11　常见断口化学清洗液

配方	使用温度 /℃	清洗时间	适用范围	备注
铬干 1.5%、磷酸 8.5%、水 > 65%	55 ~ 95	2min 以上	碳钢、合金钢断口上的铁锈	对基体不腐蚀
氢氧化钠 20%、高锰酸钾 10% ~ 15%、水 65% ~ 75%	煮沸	每 3min 拿出，清洗后观察除尽为止	耐热钢、不锈钢	对基体不腐蚀
氢氧化钠 20%、锌粉 200g/L、水 80%	沸腾	5min	碳钢、合金钢、耐热钢、不锈钢	
浓磷酸 15%、有机缓蚀剂 15%（噻唑 5%，如若丁 10%）	室温 ~ 50	清除为止	去除钢表面氧化铁皮、水质沉淀物，垢皮	对基体不腐蚀
铬干 80g、磷酸 200g、水 1000g	室温	2 ~ 10min	铝合金断口	对基体腐蚀极小
硝酸 70%、CrO_3 2%、磷酸 5%、水 23%	25 ~ 50	2 ~ 10min	铝、铝合金	用毛刷或毛笔轻轻擦洗
硫酸 10%、水 90%	25	清洗净为止	镍、镍合金	用毛刷或毛笔轻轻擦洗
CrO_3 15%、$AgCrO_4$ 1%、水 84%	沸腾	15min	镁及镁合金	

表 3.12　断口电解清洗液

配方	电流 /A	电压 /V	阳极	阴极	温度 /℃	时间 /min
NaCl 500g、NaOH 500g、H_2O 4000g	0.5 ~ 1	15	石墨或铝	试验	25	5
H_2SO_4 50%、有机缓蚀剂（如若丁）2g/L、H_2O 50%	0.1 ~ 0.2	10 ~ 20	石墨或铝	试验	75	5 ~ 10

（4）裂纹源（微观）的判定

压力容器开裂分析中为了定性、定量进行断口分析，需明确断口的微观裂纹源，如断口启裂于容器内壁还是外壁。所以，在样品制备结束之后，微观形貌观察之前需进行微观裂纹源的判定。微观裂纹源的判断可依据断口宏观或微观特征进行，如果断口上有放射条纹，则放射条纹的收敛处为启裂源；如果在断口上有"人"字纹，无应力集中时，"人"字纹尖端指向裂纹源，有应力集中时，"人"字纹尖端逆指向裂纹源；如断口上有疲劳弧线，裂纹源位于疲劳弧线收敛平滑区内。

宏观裂纹源的判定可通过"开口法""'T'形法""分叉法""变形法"等方法实现，图 3.27 给出了几种判断方法的图示。

①开口法是指裂纹拼接后，按裂纹开口大小确定裂纹源，开口大的部位即为裂纹源。

②分叉法是指零件断裂过程中常常产生许多分叉，通常情况下裂纹分叉的方向为裂纹扩展方向，扩展的反方向指向裂源位置。裂源在主裂纹上，一般情况下主裂纹宽而长。

③"T"形法是指如果在一个零件上有两条相交的裂纹构成"T"形，在通常情况下横穿裂纹 A 为首先开裂。因为在同一零

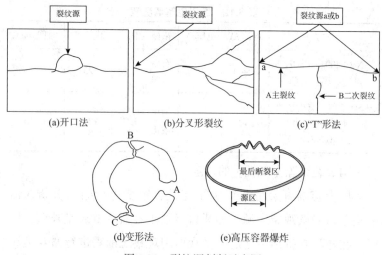

图 3.27　裂纹源判断示意图

件上后产生的裂纹不可能穿越原有裂纹扩展，裂纹扩展方向平行于 A 裂纹。裂纹源位置在 a 或 b，裂源区的裂纹较宽、较深，图 3.27（c）中 A 为主裂纹，B 为二次裂纹，a 或 b 为裂纹源。

④变形法是指延性断裂的零件在断裂过程中发生变形后碎成几块，将碎片拼合后变形量大的部分为主裂纹，裂纹源在主裂纹所形成的断口上，图中 A 为主裂纹，B、C 为二次裂纹。

⑤高压容器爆炸的断口，最后断裂区为锯齿状。

（5）微观形貌特征观察

明确了宏观、微观裂纹源，即可通过扫描电镜、透射电镜及相关软件进行断口的微观形貌特征分析，由于所用设备放大倍数较高，设备中无法观察低倍形貌，可在观察之前对重点观察、分析部位做标记以提高分析效率；其次，根据需要进行放大，切忌倍数过大、过小，避免因操作问题导致的分析偏差；再次，由于放大倍数及清晰度的大幅提高，在分析过程中常会发现异常情况，如垢物、夹杂、涂层、镀层等的存在，这时需及时借助其他仪器、设备协助完成分析。

3. 结果评定

压力容器开裂分析的断口分析最终目的是明确断口微观特征，常见的断口微观形貌特征有沿晶、解理、准解理、白点、疲劳辉纹等，常见压力容器微观特征所对应的失效模式如表3.13所示，后面我们将以案例的形式作详细的说明。

表3.13　断口微观特征及失效模式

微观特征	失效模式或失效机理	案例
沿晶	蠕变、敏化、球化、连多硫酸应力腐蚀开裂	案例四
解理	胺应力开裂、氯化物应力开裂、氢致开裂	案例五
准解理	高温腐蚀开裂	案例六
白点	焊接氢致开裂、铸造缺陷导致开裂	案例七
疲劳辉纹	疲劳	案例八
韧窝	超压、超温	案例九

案例四：脱硫回收反应器上部盘管发生开裂，裂纹沿换热管环向扩展，如图3.28所示。对裂纹面微观形貌进行观察，换热管近内侧1/2断面微观断口呈冰糖状，晶界面清洁、光滑、界面棱角清晰、立体感很强，个别撕裂棱上分布着细小韧窝，整个断面呈沿晶开裂特征，如图3.29所示。

案例五：汽轮机输油

图3.28　开裂换热管

管线多次出现开裂现象，裂纹主要分布在管线环境温度偏高部位，弯管和直管段均有出现；裂纹形态呈扩散状，横向和纵向都有出现；管外壁有点蚀痕迹。经渗透检验，裂纹形态如图3.30所示。打开裂纹面进行观察，裂纹面宏观形貌如图3.31所示，断面存在结晶状小颗粒及放射状花样；微观形貌如图3.32所示，断面存在解理台阶及河流状花样，呈解理开裂特征。

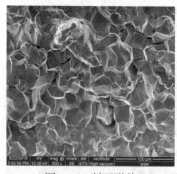

图 3.29　断面形貌

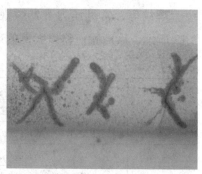

图 3.30　裂纹形态

图 3.31　裂纹面宏观形貌

图 3.32　裂纹面微观形貌

　　案例六： 某化工厂胺液闪蒸罐接管管壁存在裂纹，裂纹截面形貌如图3.33所示，裂纹无分叉，打开裂纹，裂纹微观形貌如图3.34所示，裂纹附近无塑性变形，断面粗糙，存在结晶状颗粒及撕裂棱；微观观察，断面平坦，没有附着物，存在"鸡爪形"撕裂棱及微孔，以准解理开裂特征为主。

84

图 3.33 裂纹面宏观形貌

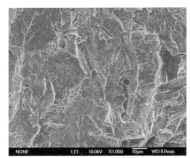
图 3.34 裂纹面微观形貌

案例七：某天然气净化厂脱水塔焊缝发生开裂，打开焊缝裂纹，裂纹面宏观形貌如图 3.35 所示，断面平齐、无塑性变形，断面具有金属光泽，存在结晶状颗粒；裂纹面微观形貌如图 3.36 所示，断面存在圆形、椭圆形白点，白点内以准解理特征为主，白点外以解理特征为主，白点与基体之间有一个韧窝带。

图 3.35 裂纹面宏观形貌

图 3.36 裂纹面微观形貌

案例八：反吹角阀波纹管发生开裂，裂纹位于角阀轴端连接处第 1 节波纹管，波纹管壁厚约 0.6mm，打开裂纹，裂纹面平整，存在扩展条纹及二次裂纹，如图 3.37 所示；裂纹面微观形貌如图 3.38 所示，断面存在较多平行条纹，为疲劳辉纹，辉纹间距较小。

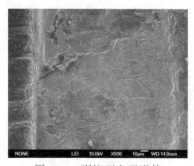

图 3.37　裂纹面宏观形貌　　　　　图 3.38　裂纹面微观形貌

案例九：某炼油厂水冷壁管使用期间发生爆裂，如图 3.39 所示，爆口部位变形较大，壁厚存在减薄，启裂区断口粗糙，断面与管壁呈 90° 角；扩展区断面平整，与管壁呈 45° 角，裂纹微观形貌如图 3.40 所示，断面以韧窝特征为主。

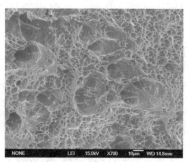

图 3.39　裂纹面宏观形貌　　　　　图 3.40　裂纹面微观形貌

3.2.4　能谱分析

1. 概述

电子能谱分析是多种表面分析方法的总称，是采用单色光源（如 X 射线、紫外线）或电子束去照射样品，使样品中的电子受到激发而发射出来，测量这些电子的强度及其能量的分布，从而确定样品包含元素、分布形态等的方法。在压力容器的开裂分析中，通过能谱分析方法，在一定程度上可以确定开裂原因或补充开裂原因分析，分析步骤相对简单，如图 3.41 所示，常见的分析方法有 X 射线能谱分析法、俄歇电子能谱分析法、紫外光电子能谱分析法。

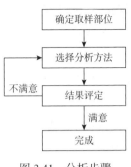

图 3.41　分析步骤

2. 分析方法

（1）确定取样部位

取样部位的确定需根据容器开裂的实际情况来确定，主要分为三种情况：一类是垢物能谱分析的取样，需在外观检查完毕后立即进行，根据垢物存在的位置、颜色、形态等分类取样，分类越细越好；二是裂纹面的分析，可与断口形貌分析取样部位同步进行，取样部位与断口形貌分析部位相同，区别在于同一部位需取 2 个试样，1 个试样保存完好直接去做能谱分析，另外 1 个试样需进行超声波清洗，将垢物表层附着的松散垢物清洗，直至露出与基体结合紧密的垢物；三是断口表面或金相检验面能谱分析，主要是对于一些特殊的、由于元素偏析引起的开裂原因进行分析。

（2）选择分析方法

压力容器开裂分析常见的两种电子能谱分析方法有 X 射线能谱分析、俄歇电子能谱分析，其区别及适用范围如表 3.14 所示，在实际检测中应根据其不同的原理、不同的设备条件等选择使用，重点分析。

X射线能谱分析法是采用单色X射线照射样品表面，探测从样品表面射出的光电子的能量分布，由于X射线能量较高，所以得到的主要是原子内壳层轨道上电离出来的电子。进行表面分析时，可以采用特征波长的X射线（如MgKα–1253.6eV），即软X射线辐射固体样品，依据动能收集从样品中发射的光电子，可测除H、He以外的所有元素，无强矩阵效应，探测深度为1~20单层，定量元素分析，分析过程不破坏材料原有结构；其缺点在于数据采集较慢，横向分辨率较低。

表 3.14　分析方法对比

分析方法	激发源	采样深度	分析内容	适用样品
X射线能谱分析法	单色X射线	<2nm	元素分析，化学态分析，环境分析，定量分析	粉末、块状试样
俄歇电子能谱分析法	X射线或高能电子	1~2nm	表面元素定性、定量分析，化学价态分析	粉末、块状试样（长、宽<10mm，高<5mm）

俄歇电子能谱分析法可以分析除H、He元素以外的所有元素，可以对样品表面元素进行定性、半定量、元素深度分布分析和微区分析。该分析方法具有较高的表面灵敏度，其检测极限约为10^{-3}原子单层，采样深度为1~2nm，因而更适合于表面元素定性、定量分析。

压力容器开裂分析更多是对某一表面微区成分进行分析，为了更精准地确定检验部位，在更多的情况下需与扫描电镜配合使用，因此，X射线能谱分析和俄歇电子能谱分析更为常用。

3. 结果评定

电子能谱分析仅仅是一种检测手段,如何利用检测结果对容器开裂原因进行分析才是关键。在实际情况下,容器的开裂形态多种多样,为了详细说明能谱分析的重要性,以在扫描电镜下观察同为沿晶开裂特征,但由不同因素引起的开裂为例做详细说明。

(1)脆性沉淀相析出

一些钢因敏化、热处理工艺不当,沿晶界析出颗粒状或薄片状的脆性析出相,如 TiC 颗粒、晶界马氏体组织等,这些析出相成分与周边基体组织成分存在明显差异,可通过能谱分析的方法来确认。如 885 ℉(475℃)脆化、σ 相脆化、形变马氏体的产生等,都可以通过能谱分析对比晶界成分与基体成分差异或析出相主要成分来确定。

(2)杂质和合金元素的晶界偏析

压力容器用钢 07MnMoVR、07MnNiVDR、07MnNiMoDR 及 12MnNiVR 钢需在投入使用前进行调质处理。钢在淬火后进行回火处理时,随温度升高,硬度降低,韧性升高,但在一些钢中易出现回火脆化。在 200~350℃产生的第一类回火脆化引起的开裂,这类断口微观形貌特征为沿晶 + 解理 + 韧窝的混合断口,可通过俄歇电子能谱分析,沿晶断口表面薄层成分中含有 P、N、C、Sn、Sb 等杂质元素,杂质元素浓度比钢中的平均浓度高出 500~1000 倍,这表明杂质元素的偏聚是引起晶界弱化的主要原因。还有一种情况是新生成的碳化物沿马氏体的板条、束的边界或在板条马氏体的孪晶或孪晶带上析出,导致晶界韧性下降。

在 450~650℃产生的第二类回火脆化，也与杂质元素在晶界的偏聚有关，常见的晶界脆化元素有 Si、Ge、Sn、N、P、As、Sb、S、Se 和 Te 等。

（3）环境引起的沿晶侵蚀作用

压力容器在运行时经常接触到高温、氧化、腐蚀等介质，有些介质会引起材料的沿晶开裂，如球化开裂、液态金属脆化、连多硫酸应力腐蚀开裂等。对于某些碳钢或低合金钢在长期高温状态运行，会引起组织中碳化物的分解和晶界偏聚，这时可在断面上进行能谱分析，检测晶界与晶面碳化物含量和分布特点，以此来确定开裂原因。液态金属脆化可发生在液态脆化金属偶的任何部位，如与镀锌钢相接触的 300 系列不锈钢管或容器，不锈钢出现沿晶开裂特征，经能谱分析发现裂纹中或裂纹断面充满锌，以此证明裂纹的开裂与其接触的金属偶有巨大的关系。一些敏化的不锈钢材料，在易生成含硫的酸性介质中容易发生沿晶开裂，通过能谱分析，可发现裂纹面存在较多的含硫产物。

3.2.5 力学性能

1. 概述

力学性能是表征金属材料性能的重要方法之一，压力容器开裂之后无论是使用方还是分析人员，第一反应就是去复核材料的力学性能，如果力学性能不合格则要考虑其不合格的原因，是原材料制造不合格还是在使用过程中造成的不合格，这些分析对容器开裂原因的判断起着至关重要的作用。压力容开裂分析中常用的方法有拉伸试验、冲击韧性试验及硬度试验，GB/T 150《压力容器》中也明确规定了压力容器用材料的力学性能指标，力学性能还是压力容器验收的重要指标。力学性能分析步骤如图 3.42 所示。

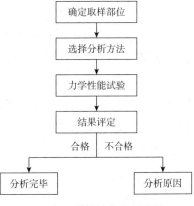

图 3.42　力学性能分析步骤

2. 分析方法

在容器开裂分析中，力学性能试样取样部位依据开裂状态确定，通常在未失效部位取 1 组试样，在失效部位取 1 组试样，以作对比，常用的分析方法有材料拉伸性能分析、冲击韧性分析及硬度分析。

（1）拉伸性能分析

拉伸性能分析是应用最广泛的力学性能测试方法，通过拉伸试验可以测定材料的强度、弹性、延性、应变硬化和韧性等许多重要的力学性能。在拉伸试验中通常优先选用标准拉伸试样，通过单调加载的方式，记录其应力 - 应变曲线，通过曲线来分析材料的 R_m、R_{el}、$R_{p0.05}$、$R_{p0.2}$、$R_{p0.5}$、A、Z 等指标。屈强比也是材料拉伸性能的一项重要指标，即 R_{el}/R_m、$R_{p0.2}/R_m$，屈强比越低则材料韧性越好，屈强比越高，说明材料延性越差，在一些容器用材料性能中明确规定了屈强比的合格范围。另外，可以依据拉伸性能测试结果，判定材料断裂类型，复核或预测材料的一些其他性能或特征，如断口形貌、硬度、冲击韧性等。

（2）冲击韧性分析

夏比摆锤冲击试验是最常见的冲击韧性测试方法，通过试验可获得该材料的冲击吸收功，依据容器使用条件、技术要求等确定试验温度，在必要的情况下可通过步冷试验测定材料脆性转变温度。取样位置和方向可根据容器开裂的具体情况决定，一般需在容器开裂部位、未开裂部位分别取样测试；若怀疑材料性能存在明显的方向性，可通过横向、纵向分别取样的方式来判断。

（3）硬度分析

实验室常用的硬度测试方法有布氏硬度、维氏硬度、洛氏硬度。需根据具体材料、状态和技术要求来确定硬度测试方法。在压力容器开裂分析中，一般情况仅需测定开裂部位与未开裂部位硬度，如果材料表面存在渗碳、渗氮、脱碳等其他情况，则需采用维氏硬度来测定微区硬度，或依据硬度来判断渗层厚度、强度等。

3. 结果评定

拉伸试验结果评定时一般考虑下限值，如果性能低于标准规定强度，则认为其强度不够，但在实际中由于各种因素导致的材料强度增大也可引起容器的不安全运行，如在制造过程中如果产生形变马氏体，材料抗拉强度和屈服强度均大大提高，这时则需考虑用屈强比来衡量材料性能。冲击韧性在某些材料验收时虽不是硬性指标，即使有标准要求，一般仅要求下限值。在拉伸试验不能很好地判断材料韧脆性时，可通过冲击试验进行补充，如果材料冲击韧性低于标准要求，则其脆性增大，冲击韧性越低，材料的韧性越差。在容器分析中可通过一系列试验来测定材料的韧脆转变温度，或材料对温度的敏感性，横向、纵向试样性能差异等。硬度是常见、最快捷的检验方法，可在金相、拉伸等性能测试分析之前进行，作为材料性能初步估测的一个指标。下面以具体的例子来说明。

某天然气公司 LNG 储罐封头部位发生开裂，通过测试其开裂部位与未开裂部位拉伸性能发现，未开裂部位与开裂部位材料力学性能均满足标准要求，如表 3.15 所示。计算发现，未开裂部位屈强比为 0.522，开裂部位屈强比高达 0.987，而相关技术要求中明确规定，该材料屈强比不能高于 0.85，这时可怀疑材料发生了某种形式的强化，需要通过其他的试验来分析。

表 3.15　力学性能测试结果

取样部位	取样方向	测试数据		
		R_m/MPa	$R_{p0.2}$/MPa	A/%
未开裂部位	纵向	764	399	52.0
开裂部位	纵向	987	974	28.0
标准值（GB/T 24511）		≥ 520	≥ 205	≥ 40

在此容器的分析中，虽无材料冲击韧性的相关技术要求，但为了进一步证明强化之后材料冲击性能的变化，对其不同温度下的冲击韧性进行了测试，结果如表 3.16 所示，−196℃为容器设计使用温度。从表中数据可以看出：①未开裂部位冲击韧性值明显高于开裂部位；②纵向试样冲击韧性值高于横向试样，开裂部位试样差别不大；③材料韧性对温度较为敏感，未开裂部位温度降低，韧性下降 30% 左右，开裂部位温度降低，韧性下降 50% 左右，说明开裂冲击韧性对温度更为敏感。

表 3.16　冲击韧性测试结果

取样部位	取样方向		A_{kv2}/J
未开裂部位	纵向	常温	214
		−196℃	157
	横向	常温	150
		−196℃	107
开裂部位	纵向	常温	147
		−196℃	76
	横向	常温	143
		−196℃	89

　　硬度测试也是分析中不可缺少的手段，该案例基于拉伸、冲击性能测试结果和容器制造工艺等，猜测材料的强化可能来自封头制造过程中的变形量，这时可通过不同变形量部位进行硬度测试来证明，硬度测试位置如图 3.43 所示，测试结果如图 3.44 所示，由图看出，0~20mm 范围内，材料硬度值急剧升高，20mm 处达到最大值约 350HV10，之后随距离的增

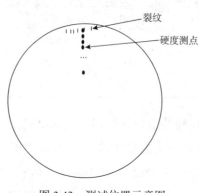

图 3.43　测试位置示意图

加，硬度值逐渐降低；300~700mm 范围内，硬度值基本保持在 225HV10 左右。结合封头成形工艺，20mm 处为封头变形量最大部位，之后变形量逐渐减小，变形量越大，材料强化越明显，该案例中硬度值能很好地反映变形量与材料强化的关系。

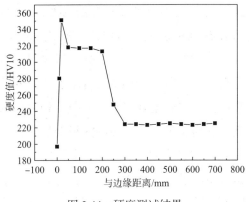

图 3.44　硬度测试结果

3.3　开裂分析的机理筛选流程

本章的讨论内容是开裂分析，在前面两节中详细介绍了开裂分析的两类分析方法。这两类分析方法可以在开裂分析过程中独立使用，如压力容器用户及设计机构经常单独使用机理筛选方法来分析开裂原因，而检验检测机构更多地使用验证检验方法分析。笔者在多年的缺陷分析实践中发现：单独使用某一种方法得到的分析结果在准确性方面存在巨大的问题，分析结果被质疑的现象非常普遍。因此，进行一个完整的开裂分析，必须将两种方法结合使用，两者的分析结果互相印证，只有当两者的分析结论完全吻合时，才能说明分析结果是正确的。对于检验检测机构的工作人员，由于对压力容器的操作工艺了解有限，在应用机理筛选方法时会遇到很多困难，因此本丛书始终强调检验工作者必须了解压力容器的使用特点及操作工艺。值得强调的是，在许多场合中由于条件限制，能够对开裂实施的检验内容非常有限,这时机理筛选方法能够发挥很大的作用。

在压力容器检验中发现了裂纹后,应该怎样入手进行开裂分析呢?在第2章的2.6节缺陷分析的基本程序中,描述了通用的缺陷分析过程,其中的图2.8给出了缺陷分析的流程框图。在图中知道首先要确定缺陷类型,收集相关信息,根据初步检验结果判定开裂机理。检验员在这里会遇到较大的困难,首先能够收集到的信息有限,在2.6节中罗列了大量应该收集的信息,但是也说明了并不是所有信息都是必须收集的。这就带来了一个问题,针对所要分析的开裂缺陷,哪些信息是必须收集的呢?再者,不同的场合、不同的机构在发现裂纹后采用的初步检验方法也有差异,接下来的问题是针对所要分析的开裂缺陷,哪些初步检验结果是至关重要的呢?由于开裂缺陷分析是所有缺陷分析中最复杂的,在这里要将这两个问题回答清楚难度很大。下面我们将根据开裂分析的特点梳理一个分析思路供读者参考。

通过30年的分析工作经验体会到压力容器开裂分析工作基本的内容就是依据表3.1对开裂机理进行筛选。筛选的过程也可以根据表3.1中的排列顺序逐步进行。按照表中的顺序首先要判断缺陷是否属于应力开裂,如果确定不属于应力开裂,则考虑是否脆性断裂,如果脆性断裂也排除了,则应考虑环境影响开裂。下面对这一筛选过程做一个详细说明。

1. 应力开裂

分析应力开裂,首先需要掌握开裂部位的应力状态及材料的状态。掌握的内容大致有以下几个方面:

(1)容器或部件的设计计算中的应力状态;

（2）容器运行过程中的载荷水平，有无过载或交变载荷；

（3）容器开裂部位有无几何不连续或应力集中；

（4）开裂部位有无残余应力或其他外部施加的应力，比如安装应力等；

（5）运行过程中有无超温；

（6）材质是否出现劣化。

这里需要收集的信息包括容器的设计计算书，如有必要还要收集相关设计标准、容器的运行信息（包括运行的温度、压力以及其波动情况）。

需要选择的初步检验包括开裂部位的几何尺寸和硬度测定，如果怀疑有材质劣化还应对开裂部位进行金相检验，如有可能应检验材料的力学性能。

验证检验主要是开裂部位的应力分析和断口分析检验，断口应是韧性断口或疲劳断口。

2. 脆性断裂

如果排除了应力断裂的可能，接下来就要考虑开裂是否属于脆性断裂的条件。脆性断裂的分析主要是考查容器的制造材料及运行状态是否满足表3.1中罗列的脆性断裂的条件。

需要收集的主要信息是容器材料、厚度和运行温度及温度变化情况。

初步检验应选择硬度测定，如有可能应对材料做冲击试验。

验证检验要选择断口检验，观察断口是否为脆性断口。

3. 环境影响开裂

如果不能满足脆性断裂的条件，则应考虑环境影响开裂。

环境影响开裂的种类较多，分析起来比较复杂，是石油化工设备中最常见的，也是分析难度最大的开裂缺陷。其筛选过程与腐蚀缺陷的筛选过程相似，首先需要确定开裂是在压力容器内部还是外部发生的，容器外部环境相对简单，容易判断开裂机理。

对于设备内部（与工作介质直接接触）发生的开裂首先要区分其操作温度范围是属于高温环境还是非高温环境（这里的高温环境指的是肯定不会出现液相水的环境）。高温环境中的开裂机理只有高温氢损伤一种，比较容易判定。

非高温环境中发生的环境影响开裂机理种类比较多，分析起来难度较大，对于这种环境首先要确定是液态水相环境还是非液态水相环境。这里的水相环境指的是介质中确定存在液态水，如果介质为气相介质，则为非液态水相环境，即使在运行过程中有可能出现液态水。

在液态水相环境中，应确定工作介质中是否存在能造成腐蚀的有害介质。对应表 3.1 就可以筛查相应的开裂机理。在非液态水环境中，则应分析在运行过程中是否有可能出现液态水（也称游离水），本书的 4.3 节给出了比较精确的定量分析方法。

对于环境影响开裂的筛选，收集信息方面除了温度、压力等条件外，还要重点收集介质信息，尤其是介质中的有害物质含量。

初步检验方法应选取现场金相检验和硬度测定。

验证检验方法除了断口检验外，腐蚀产物的分析会对分析结论提供很有力的证据。

图 3.45 给出了开裂缺陷分析的分析流程框图。

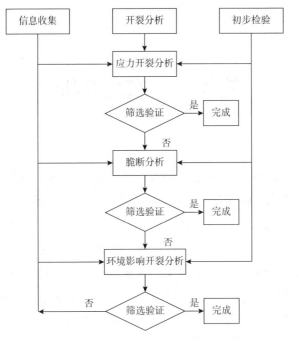

图 3.45 开裂缺陷分析流程框图

第 4 章　腐蚀分析

　　腐蚀是指金属在周围介质的化学或电化学作用下，金属产生的损伤。腐蚀在压力容器中是最为普遍的缺陷，其表现形式可分为均匀腐蚀和局部腐蚀。均匀腐蚀是最常见的腐蚀形态，腐蚀分布于金属的整个表面，使金属整体减薄。局部腐蚀可以细分为多种腐蚀形式，主要有点蚀、电偶腐蚀、缝隙腐蚀、冲刷腐蚀、选择性腐蚀、应力腐蚀开裂、晶间腐蚀和腐蚀疲劳等。据统计腐蚀在压力容器的失效原因中占比达到70%。其中局部腐蚀集中在个别位置急剧发生、腐蚀破坏速度快、隐蔽性强、比较难以预计、控制难度大、危害性大，易突发灾难事故。本章我们主要介绍压力容器中常见的腐蚀形式如何分析，其中应力腐蚀开裂和腐蚀疲劳的表现形式主要为开裂，已在本书的上一章开裂分析中做了详细介绍，本章不再赘述。

　　腐蚀缺陷的分析由于大多数场合下缺陷特征不是很明显，因此分析腐蚀原因相关的有效检测手段不多，最有效的分析手段是在已知的腐蚀机理中进行筛选。为了方便腐蚀机理筛选，我们首先将腐蚀机理做一个分类。

4.1 腐蚀的分类

引起腐蚀的原因复杂多样，在本节中我们主要根据腐蚀形态对压力容器常见的腐蚀做一个分类，即均匀腐蚀、局部腐蚀和这两种腐蚀形式的结合。通过这样的分类，结合设备服役环境等因素，可以进一步缩小腐蚀机理的筛选范围，方便我们快速找到造成腐蚀的原因。

表 4.1 给出了在石油化工装置中经常出现的腐蚀形式分类。所谓腐蚀分析的筛选过程就是对可能的腐蚀机理一一比较，逐个排除，排除不了的就要进行验证检验，最终确定腐蚀机理。本章中将对表中所列的腐蚀机理做一个简要说明。

4.1.1 局部腐蚀

1. 冲蚀

冲蚀是固体、液体、蒸气或其混合物冲击或者固体、液体、蒸气或其混合物之间的相对运动造成的表面材料的加速机械脱除。冲蚀腐蚀是指腐蚀产物因流体冲刷而离开表面，暴露的新鲜金属表面在冲刷和腐蚀的反复作用下发生的损伤。冲蚀会发生在所有金属和合金材料上，可以在很短的时间内造成局部严重腐蚀，形成具有一定方向性的凹坑、凹槽、犁沟、波浪纹等，如图 4.1 所示。

表 4.1 压力容器中腐蚀机理的分类

腐蚀分类	腐蚀性质	机理	外观或形貌	材料	影响因素	编号
	冲蚀	冲蚀是固体、液体、蒸气或其混合物冲击或含固体、液体、蒸气或其混合物之间的相对运动造成的表面材料的加速机械脱除	定向性凹坑、凹槽、凹沟、波浪纹	所有金属、合金	介质的速度和浓度，作用颗粒的大小和硬度、材料的硬度和耐腐蚀性	1
	汽蚀	由无数微小气泡的形成和瞬间破裂造成的	点蚀、气泡	碳钢、低合金钢、300 和 400 系列不锈钢、镍基合金	液体温度、压差	2
局部腐蚀	电化学腐蚀	当异种金属在一合适的电解液（如潮湿水环境或含湿气的土壤）中较连接在一起时，可在其接合处发生的腐蚀形式	裂缝、凹槽或点蚀	贵金属除外的所有金属	电解液、阴阳极	3
	微生物腐蚀	细菌、藻类或真菌之类活性有机物造成的腐蚀，多与团絮状或泥泞状有机物有关	有机物沉积、点蚀、凹坑	碳钢、低合金钢、300 和 400 系列不锈钢、镍基合金	水分、环境、养分	4
	碱腐蚀	苛性碱或碱性盐引起的局部腐蚀	凹槽	碳钢、低合金钢、300 系列不锈钢	苛性碱浓度	5

102

腐蚀分类	腐蚀性质	机理	外观或形貌	材料	影响因素	编号
局部腐蚀	环烷酸腐蚀	发生于原油蒸馏装置和真空装置以及处理某些含有环烷酸组分的下游装置的高温腐蚀形式	局部腐蚀、点蚀、切槽	碳钢、低合金钢、300和400系列不锈钢、镍基合金	酸值、温度（218~400℃）、硫含量、流速、相态、材料	6
	碳酸腐蚀	金属与碳酸接触	均匀减薄、局部减薄	碳钢、304L、316L、合金20	酸浓度、温度、氯化物杂质	7
均匀腐蚀	大气腐蚀（无隔热层）	未敷设隔热层等覆盖层的金属在大气中发生的腐蚀	铁氧化物（红锈皮）	碳钢、低合金钢	大气成分、湿度、温度	8
	大气腐蚀（有隔热层）	因保温层或防火层下捕集的水而造成的管道、压力容器和构件的腐蚀	松散的片状结垢、捅状点蚀	碳钢、低合金钢、300系列不锈钢、双相不锈钢	大气成分、结构和覆盖层质量、温度、运行	9
	高温氧化腐蚀	高温下金属与氧气发生反应生成金属氧化物	氧化皮	碳钢、低合金钢、300和400系列不锈钢、镍基合金	温度、合金成分	10
	高温硫化物腐蚀	碳钢或其他合金在高温下与硫化物发生反应，氢的存在会加速腐蚀	硫化物鳞片	所有铁基材料、镍基合金	合金元素、温度、硫含量、腐蚀产物膜	11

続表

腐蚀分类	腐蚀性质	机理	外观或形貌	材料	影响因素	编号
均匀腐蚀	高温硫化物腐蚀（氢气环境）	碳钢或其他合金钢在高温且临氢条件下与硫化物发生反应	硫化铁皮	碳钢、低合金钢、400和300系列不锈钢	温度、合金元素、氢分压、硫化氢分压	12
	氢氟酸腐蚀	金属与氢氟酸接触	开裂、鼓泡、氟化铁结皮	碳钢、铜镍合金、400、合金C276、低合金钢、300和400系列不锈钢	流速、浓度、温度、碳钢中残留元素、介质氧污染	13
局部腐蚀/均匀腐蚀	锅炉冷凝水腐蚀	锅炉系统和蒸汽冷凝水回水管道上发生的均匀腐蚀和点蚀，多由溶解的气体、氧气、二氧化碳引起	点蚀、凹槽	碳钢、低合金钢、330系列不锈钢	溶解的气体浓度、pH值、给水处理专用系统	14
	二氧化碳腐蚀	金属在潮湿的二氧化碳（碳酸）环境中，二氧化碳溶于水形成碳酸	局部减薄、点蚀、开槽	碳钢、低合金钢	pH值、温度（未达到溶液中二氧化碳气体溢出温度）、二氧化碳分压	15

104

腐蚀分类	腐蚀性质	机理	外观形貌	材料	影响因素	编号
局部腐蚀/均匀腐蚀	烟气露点腐蚀	燃料燃烧时燃料中的硫和三氧化物质形成二氧化硫、三氧化硫和氯化氢，低温（露点以下）遇水蒸气形成酸，对金属造成腐蚀	剥离、回坑、裂纹	碳钢、低合金钢、300系列不锈钢	杂质、温度	16
	酸性水腐蚀（碱式酸性水）	金属材料在存在硫氢化铵的酸性水中发生的腐蚀	均匀减薄、局部沉积物下垢蚀	碳钢	pH值、浓度、流速、杂质、流态、素流状态、合金成分、温度	17
均匀腐蚀	氯化铵腐蚀	氯化铵在一定温度下结晶成垢，在无水情况下发生均匀腐蚀或局部腐蚀	白色、绿色、褐色盐类、点蚀	碳钢、低合金钢、300系列不锈钢、合金400、双相不锈钢、合金800和合金825、合金625和合金276、钛	材质、成垢（结晶）程度、水分、温度	18
	冷却水腐蚀	冷却水中由溶解盐、气体、有机化合物或微生物活动引起的碳钢和其他金属的腐蚀	均匀腐蚀、点蚀、切槽	碳钢、不锈钢	温度、氧含量、流速、水质	19

腐蚀分类	腐蚀性质	机理	外观或形貌	材料	影响因素	编号
局部腐蚀/均匀腐蚀	胺腐蚀	胺液中溶解的酸性气体、胺降解产物、耐热胺盐和其他腐蚀性杂质引起	局部或均匀减薄、局部沉积物下侵蚀	碳钢、低合金钢	介质、胺浓度、杂质、温度、流速	20
	盐酸腐蚀	金属与盐酸接触	局部或均匀减薄、局部沉积物下侵蚀	碳钢、低合金钢、300和400系列不锈钢	浓度、温度、成分、催化或钝化剂	21
	苯酚腐蚀	金属与苯酚（石碳酸）接触	均匀腐蚀、局部腐蚀	碳钢、304L、316L、合金C276	温度、浓度、材质、流速	22
	酸性水腐蚀（酸式酸性水）	含有硫化氢且 pH 值介于 4.5～7.0 之间的酸性水引起的金属腐蚀，介质中也可能含有二氧化碳	均匀减薄、开裂、点蚀	碳钢	硫化氢浓度、pH 值、杂质、流速	23
	硫酸腐蚀	金属与硫酸接触	均匀减薄、点蚀	碳钢、316L、904L、合金20、高硅铸铁、高镍铸铁、合金 B2、合金 C276	酸浓度、合金成分、流速、温度、腐蚀杂质	24

2. 汽蚀

汽蚀是一种由无数微小蒸气泡的形成并瞬间破裂而导致的冲蚀形式。在泵壳、泵叶轮（低压侧）及管口或控制阀下游管道中最常观察到汽蚀。汽蚀通常看上去像边缘清晰的点蚀，但在旋转部件中也可能具有气泡的外观，如图4.2所示。汽蚀仅发生在低压区域。

图 4.1　二级动叶榫槽根部冲蚀　　　　图 4.2　阀腔汽蚀

3. 电化学腐蚀

电化学腐蚀是当异种金属在合适的电解液（如潮湿水环境或含湿气的土壤）中被连接在一起时，在其接合处发生的腐蚀形式。发生电化学腐蚀必须满足三个条件，即电解液、与电解液接触的两种不同材料

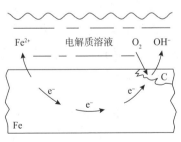

图 4.3　电化学腐蚀示意图

（阴极和阳极）、阴阳两极之间存在电连接，如图4.3所示。

4. 微生物腐蚀

微生物腐蚀是由细菌、藻类或真菌等活性有机物造成的腐蚀，多与团簇状或泥泞状有机物有关。常见的微生物有硫酸盐还原菌、铁氧化菌、锰氧化菌、硫氧化细菌、铁还原细菌、酸生产菌和胞外聚合物生产菌等。微生物腐蚀常发生在热交换器、储罐底部水相，低流速或介质流动死角的管线，与土壤接触的管线等，常伴随冷却水腐蚀，如图4.4所示。

图 4.4 微生物腐蚀

5. 碱腐蚀

碱腐蚀是苛性碱或碱性盐引起的局部腐蚀，多在蒸发浓缩或高传热条件下发生。有时因碱性物质或碱液浓度不同，也可能发生均匀腐蚀。苛性碱浓度越高，腐蚀越严重。温度高于79℃的高浓度碱可引起碳钢的均匀腐蚀，温度达到93℃时腐蚀速率非常大。

6. 环烷酸腐蚀

环烷酸腐蚀是发生于原油蒸馏装置和真空装置以及处理某些含有环烷酸馏分的下游装置的高温腐蚀形式。在177～427℃范围内，环烷酸与金属发生反应。在高流速区可能发生局部腐蚀，如孔蚀、带锐缘的沟槽；在低流速凝结区，常表现为均匀腐蚀或点蚀，如图4.5所示。环烷酸腐蚀可能伴随高温硫化物腐蚀（无氢气环境）发生。

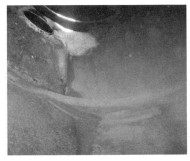

图4.5　环烷酸腐蚀

7. 磷酸腐蚀

磷酸腐蚀是金属与磷酸接触发生的腐蚀。磷酸最常用作聚合装置中的催化剂，根据含水量的多少，它会导致碳钢的局部腐蚀或点蚀。若不存在自由水，固体磷酸（如含磷酸催化剂）不具有腐蚀性。大部分磷酸腐蚀发生在停机时的水洗作业中。

4.1.2　均匀腐蚀

图4.6　大气腐蚀

1. 大气腐蚀（无隔热层）

未敷设隔热层等覆盖层的金属在大气中发生的腐蚀，称为大气腐蚀，如图4.6所示。大气腐蚀在海洋环境和含有空气污染物的潮湿污染工业环境中最为严重。

2. 大气腐蚀（有隔热层）

有隔热层条件下的大气腐蚀又称"层下腐蚀"，是因保温

图 4.7　间歇使用高温管线层下腐蚀

层或防火层下捕集的水而造成的管道、压力容器和结构件的腐蚀，如图 4.7 所示。冷热循环运行或间歇使用可能加速腐蚀。

3. 高温氧化腐蚀

高温下金属与氧气发生反应生成金属氧化物，称为高温氧化腐蚀，通常发生在加热炉和锅炉燃烧的含氧环境中。氧化腐蚀表现为均匀腐蚀，腐蚀发生后会在表面形成氧化物膜。

4. 高温硫化物腐蚀（无氢气环境）

碳钢或其他合金在高温下与硫化物反应发生的腐蚀，称为高温硫化物腐蚀。多为均匀腐蚀，有时表现为局部腐蚀，高流速部位会形成冲蚀。腐蚀发生后部件表面多覆盖有硫化物膜。

5. 高温硫化物腐蚀（氢气环境）

碳钢或其他合金钢在高温且临氢条件下与硫化物发生反应引发腐蚀，即氢的存在加速了高温硫化物腐蚀，又称高温硫化氢/氢气腐蚀。通常表现为均匀腐蚀，同时生成硫化亚铁锈皮，厚度大约是被腐蚀掉金属的 5 倍，且可能形成多层锈皮结构。值得注意的是，金属表面的锈皮黏合牢固，且有灰色光泽，易被误认为是没有发生腐蚀的金属基体。

4.1.3 均匀腐蚀 / 局部腐蚀

1. 氢氟酸腐蚀

氢氟酸腐蚀是金属与氢氟酸接触发生的腐蚀。腐蚀发生时也可能伴随氢脆、氢鼓泡和 / 或氢致开裂以及应力导向氢致开裂。

2. 锅炉冷凝水腐蚀

锅炉冷凝水腐蚀是锅炉系统和蒸汽冷凝水汇输管道上发生的均匀腐蚀和点蚀，多由溶解的气体、氧气、二氧化碳引起。除氧系统工作不正常时，很少的氧气就可引发锅炉冷凝水腐蚀，多表现为点蚀，呈溃疡状，在金属表面形成黄褐色或砖红色鼓泡，由各种腐蚀产物组成，去除腐蚀产物后可见金属表面的蚀坑。冷凝水回水系统的腐蚀多由二氧化碳引起，腐蚀后管壁形成平滑凹槽。锅炉冷凝水腐蚀常伴随二氧化碳腐蚀、腐蚀疲劳、冲蚀、冲刷等发生。

3. 二氧化碳腐蚀

二氧化碳腐蚀是金属在潮湿的二氧化碳环境（碳酸）中发生的腐蚀。二氧化碳在水中溶解形成碳酸，pH 值降低，发生腐蚀，腐蚀区域壁厚减薄，可能形成蚀坑或蚀孔，如图 4.8 所示。形成液相的部位会发生腐蚀，二氧化碳从气相中冷凝出来的部位容易发生腐蚀。

4. 烟气露点腐蚀

燃料燃烧时，燃料中的硫和氯类物质形成二氧化硫、三氧

图 4.8 二氧化碳腐蚀

化硫和氯化氢，低温（露点及以下）遇水蒸气凝结，形成可导致严重腐蚀的亚硫酸和盐酸，对金属造成腐蚀，如图 4.9 所示。烟气露点腐蚀是亚硫酸腐蚀、硫酸腐蚀和盐酸腐蚀中某种或几种腐蚀共同作用的综合结果。

图 4.9 烟气露点腐蚀

5. 酸性水腐蚀（碱式酸性水）

酸性水腐蚀（碱式酸性水）是金属材料在存在硫氢化铵的酸性水中发生的腐蚀。常发生于加氢反应器废气流和处理碱式酸性水装置，介质流动方向发生改变的部位，或硫氢化铵浓度超过 2%（质量分数）的紊流区，易形成严重局部腐蚀。硫氢化铵还会迅速腐蚀海军黄铜和其他铜合金。

6. 氯化铵腐蚀

氯化铵在一定温度下结晶成垢，在无水情况下发生均匀腐蚀或局部腐蚀，以点蚀最为常见，可出现在氯化铵盐或铵盐垢下。腐蚀部位多存在白色、绿色或褐色盐状沉积物。氯化铵腐蚀可能伴随盐酸腐蚀发生。

7. 冷却水腐蚀

冷却水腐蚀是冷却水中由溶解盐、气体、有机化合物或微生物活动引起的碳钢和其他金属的均匀或局部腐蚀，发生在所有水冷热交换器和冷却塔设备中。冷却水腐蚀可能伴随微生物腐蚀、氯化物应力腐蚀开裂等。

8. 胺腐蚀

胺腐蚀是胺处理工艺中碳钢发生的均匀腐蚀和/或局部腐蚀，如图 4.10 所示。胺腐蚀并非胺本身直接产生腐蚀，而是由胺液中溶解的酸性气体（二氧化碳和硫化氢）、胺降解产物、耐热胺盐（HSAS）和其他腐蚀性杂质引起的。当介质流速较低时，多为均匀腐蚀；介质流速较高并伴有紊流时，多为局部腐蚀。

图 4.10　胺腐蚀

9. 盐酸腐蚀

盐酸腐蚀是金属与盐酸接触发生的均匀腐蚀和/或局部腐蚀，如图4.11所示。盐酸在较宽的浓度范围内对大多数常见的建造材料具有很强的腐蚀性。碳钢和低合金钢盐酸

图4.11 盐酸腐蚀

腐蚀一般表现为均匀腐蚀，存在介质局部浓缩或露点腐蚀时也可表现为局部腐蚀或沉积物下腐蚀。

10. 苯酚腐蚀

苯酚腐蚀是金属与苯酚（石炭酸）接触发生的腐蚀，常发生于利用苯酚作为溶剂来去除润滑油进料中芳香族化合物的装置。

11. 酸性水腐蚀（酸式酸性水）

酸性水腐蚀（酸式酸性水）是含有硫化氢且pH值介于4.5~7.0的酸性水引起的金属腐蚀，介质中也可能含有二氧化碳。酸式酸性水腐蚀一般为均匀腐蚀，有氧存在时易发生局部腐蚀或沉积垢下局部腐蚀，含有二氧化碳的环境还有可能同时出现碳酸盐应力腐蚀开裂。

12. 硫酸腐蚀

硫酸腐蚀是金属与硫酸接触发生的腐蚀。碳钢的热影响区可能会遭到严重腐蚀。稀硫酸引起的腐蚀多为均匀腐蚀或点

蚀，若腐蚀速率高且流速快，不会形成锈皮。碳钢焊缝热影响区会发生快速腐蚀，在焊接接头部位形成沟槽。

4.2　腐蚀分析的机理筛选流程

在压力容器检验中发现的腐蚀，大多数情况都可以在表4.1中找到腐蚀原因，分析工作最主要的就是根据腐蚀现象对表4.1中的机理进行筛选。筛选的主要参数是材质、介质和环境，大多数情况下环境因素中最重要的就是水，环境中是否有水与操作温度和压力有关。如何判断环境中是否有水我们在下一节中详细讨论。

前面第2章中的图2.8描述了缺陷分析的过程，在腐蚀分析过程中，首先要做的是缺陷类型筛选。首先对应表4.1中"外观和形貌"一列中所列出的缺陷形态，罗列该形态所对应的腐蚀机理；然后开始进行机理筛选，机理筛选首先是环境筛选。

归纳起来，腐蚀缺陷分为均匀腐蚀、局部腐蚀和混合腐蚀（均匀腐蚀／局部腐蚀）三大类，在表4.1中，我们也是按照这三种腐蚀的表现类型对腐蚀缺陷类型进行分类的。表4.2罗列了这三类腐蚀的具体表现形式。

确定了腐蚀缺陷类型后，就要确定腐蚀是在压力容器内部还是外部发生的，容器外部发生的腐蚀种类有限，比较容易分析腐蚀产生的原因。

对于内部发生的腐蚀首先要区分高温环境还是非高温环境（这里的高温环境指的是肯定不会出现液相水的环境）。高温环境中的腐蚀机理种类也比较少，比较容易筛选。

表 4.2 腐蚀表现形式

腐蚀分类	腐蚀性质	外观或形貌
局部腐蚀	冲蚀	定向性凹坑、凹槽、凹沟、波浪纹
	汽蚀	点蚀、气泡
	电化学腐蚀	裂缝、凹槽或点蚀
	微生物腐蚀	有机物沉积、点蚀、凹坑
	碱腐蚀	凹槽
	环烷酸腐蚀	局部腐蚀、点蚀、切槽
	磷酸腐蚀	均匀减薄、局部减薄
均匀腐蚀	大气腐蚀（无隔热层）	铁氧化物（红锈）皮
	大气腐蚀（有隔热层）	松散的片状结垢、痂状点蚀
	高温氧化腐蚀	氧化皮
	高温硫化物腐蚀	硫化物鳞片
	高温硫化物腐蚀（氢气环境）	硫化铁皮
局部腐蚀/均匀腐蚀	氢氟酸腐蚀	开裂、鼓泡、氟化铁结皮
	锅炉冷凝水腐蚀	点蚀、凹槽
	二氧化碳腐蚀	局部减薄、点蚀、开槽
	烟气露点腐蚀	剥蚀、凹坑、裂纹
	酸性水腐蚀（碱式酸性水）	均匀减薄、局部沉积物下侵蚀
	氯化铵腐蚀	白色、绿色、褐色盐类，点蚀
	冷却水腐蚀	均匀腐蚀、点蚀、切槽
	胺腐蚀	局部或均匀减薄、局部沉积物下侵蚀
	盐酸腐蚀	局部或均匀减薄、局部沉积物下侵蚀
	苯酚腐蚀	均匀腐蚀、局部腐蚀
	酸性水腐蚀（酸式酸性水）	均匀减薄、开裂、点蚀
	硫酸腐蚀	均匀减薄、点蚀

非高温环境中发生的腐蚀机理种类比较多，分析起来难度较大，对于这种环境首先要确定是液态水相环境还是非液态水相环境。这里的水相环境指的是介质中确定存在液态水，如果介质为气相介质，则为非液态水相环境，即使在运行过程中有可能出现液态水。

在液态水相环境中，应该确定工作介质中是否存在能造成腐蚀的有害介质。对应表 4.1 就可以筛查相应的腐蚀机理。

在非液态水环境中，则应分析在运行过程中是否有可能出现液态水。

图 4.12 给出了腐蚀缺陷分析的流程框图。

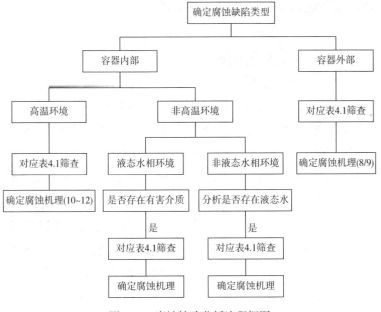

图 4.12　腐蚀缺陷分析流程框图

4.3 腐蚀分析中的水分析

根据腐蚀与环境的作用关系，腐蚀一般可划分两种情况：第一种是电化学腐蚀，如酸性水腐蚀等；第二种是化学腐蚀，如高温氧化、高温硫化等。在压力容器中通常发生的腐蚀是电化学腐蚀，发生电化学腐蚀的必要条件是存在液相水及腐蚀性介质，液相水作为溶剂，腐蚀性介质作为电解质，腐蚀特性表现为损伤（包括腐蚀减薄、开裂等）。液相水为判断发生腐蚀的必要条件；介质含量是判断腐蚀严重程度的必要条件；腐蚀特性为腐蚀损伤发生的具体表现形式。

4.3.1 腐蚀与游离水

压力容器介质中的水有多种形式（相态）存在，其中对设备能够造成腐蚀侵害的存在形式只有一种，就是游离水，也就是通常所说的液态水。既然腐蚀类损伤机理都与游离水有关，那么对装置中的各个部位进行游离水分析，就有着重大的意义，掌握了设备介质中游离水的分布，也就掌握了设备腐蚀的部位。

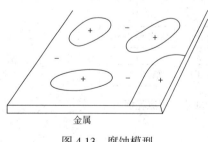

金属

图 4.13　腐蚀模型

任何金属材料发生腐蚀都是有条件的。腐蚀过程绝大多数是电化学过程，即存在电解质、阴极和阳极构成的封闭回路，如图 4.13 所示。对于装置

118

中含游离水的腐蚀来说，水就是载体，含有的腐蚀介质如硫化氢、二氧化碳、氯化物等形成的腐蚀产物膜层就是阴极，新鲜的金属就是阳极，构成了电化学腐蚀环境，从而发生了各种各样的腐蚀类型，如点腐蚀等。

4.3.2 相态分析

1. 多相混合物

石油化工领域的装置包括很多种，常见的有蒸馏装置、空分装置、闪蒸装置、冷凝装置、汽提装置以及再生装置等，这些装置介质中都存在双相或多相混合物，工艺过程是将多相混合物逐一分离，其中包括水组分的分离。典型的双相分离过程如图4.14所示。

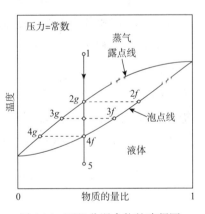

图 4.14 两组分混合物的冷凝图

由图4.14可以看出，在某一压力条件下，对于混合物中某一组分来说，假设冷却前处于气相点1，在达到露点线即上分离线之前随冷却过程的进行，混合物浓度不变，但温度不断下降，达到2g点温度时，该状态下混合物中某一相首先开始凝结，此时气相浓度不变，而液相浓度达到2f点；随着混合物进一步冷却时，低沸点组分开始越来越多地凝结，液态组分浓度沿泡点线由2f点移到3f点，蒸气相状态的组分浓度也由2g点移到3g点，当所有的混合物全部冷凝时，最后液相的浓度与开始时气相浓度一致，即到 4f 点，蒸气浓度为 4g 点。

对于混合物中某一组分来说，在特定的压力和温度条件下达到气、液两相平衡，此时气液两相的浓度可根据该条件下的相分析图确定各自的含量；但是在某一温度条件下，由两相组成的混合物中两组分的活性不同，则在气相中两组分的含量比例也相应发生了变化。

2. 水的相态

在绝大多数石油化工装备中，其运行环境都是有水存在的，水以不同的相态存在于工艺介质当中，其主要的相态有水蒸气、混合相和游离水等。对腐蚀起作用的只有游离水。

那么水的相态由什么决定呢？工艺介质的两个最基本的操作参数是温度和压力，而决定水的相态的参数也正是这两个参数。图 4.15 是水的相态图，其中横坐标是绝对温度，纵坐标是绝对压力。由此可以看出，水的相态是由操作温度 T、操作压力 p 和水的含量决定的，水相分析中采用的温度与操作温度一致。

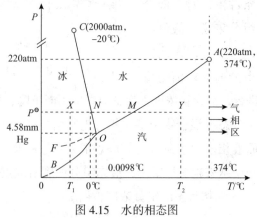

图 4.15　水的相态图

水分析中的水分压 $P=(p+1\text{atm})V_\text{水}/V$。

V 是气体介质的总体积，$V_\text{水}$ 是介质中水蒸气的体积。

图 4.15 中坐标原点是绝对压力 0 Pa 和绝对温度 0 K，O 点是三相共存点，其对应压力是 4.58mmHg，对应温度是 0.0098℃。纵坐标上的 $P°$ 是一个大气压（1atm）。温度超过 374℃后，水的相态为气相。OA 与 OC 线的上方区域是液态水区域。在游离水分析中，主要关注汽、水分界线 OA 线。工艺装置中，水含量随着操作压力和操作温度沿 OA 变化，若超过其上限则会产生游离水。同样，工艺条件下介质中的初始水含量也可由水的相图来确定，分离时的介质温度在 OA 线上就可确定介质的水分压，同时也就确定了介质中的水含量。

3. 装置的水分析

根据水的特性，对装置中可能出现的游离水进行分析，图 4.16 为装置游离水分析的程序框图。具体流程如下。

（1）确定装置的分析范围

水相分析是针对整个装置流程进行分析，必须在工艺流程图上明确地限定分析范围。所限定的范围应当具有明确的介质入口和出口，入口和出口的数目不作限制，但是每一个入口的水含量必须是可以追溯的。

（2）确定分析范围中的各个节点

在分析范围的工艺流程图上确定分析节点，各个分析节点必须明确地知道该点的温度和压力。节点间不能有较大的温度、压力变化，否则在节点间还要增加节点。如一台塔器中间各部位的温度、压力变化较大，可以在塔中间设置数个节点。

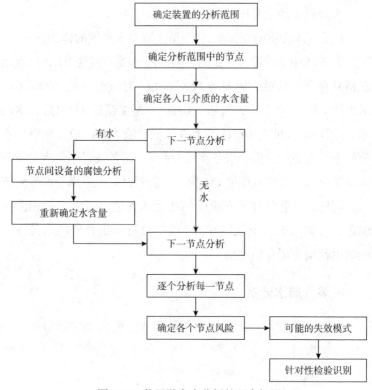

图 4.16 装置游离水分析的程序框图

（3）确定入口介质的水含量

入口介质的水含量是对装置进行游离水分析的基础，一般的介质都是经过水分离的，分离后介质的水分压就是当时温度下的饱和蒸汽压。只有经过特殊处理的介质中的水分压是可以忽略不计的，如经过深冷处理的气体。

（4）进行下一节点的游离水分析

结合上一节点温度和水分压，确定该节点的水分压，与水相图进行比较。如果其温度及水分压的坐标在水相图中位于 OA 线之下，则两节点间不会出现游离水，也就意味着节点间的设备不会发生腐蚀。接着分析下一个节点。如果温度及水分压的坐标在水相图中位于 OA 线之上，则两节点间可能会有游离水出现，就要对节点间的设备进行腐蚀分析。

（5）节点间设备的腐蚀分析

节点间出现了游离水，其中的设备就有了腐蚀的可能，就要对发生腐蚀的可能性进行详细的分析。腐蚀分析方法是参考标准、文献的腐蚀知识，分析设备产生腐蚀的可能性有多大，腐蚀速率大概是多少；分析节点介质中有害元素的含量、设备材料对腐蚀的耐受程度以及是否有适当的防腐措施等。

（6）重新确定介质中的水含量

介质中析出游离水后，其中的水含量会发生变化，这时应以变化后的水含量作为下一节点分析的初始水含量，同时用新的初始参数对下一节点进行分析。

（7）依次逐个分析各个节点

对工艺流程中的每一个节点依次逐个进行以上分析过程，最后完成对整个分析范围的全部分析。

4.3.3　腐蚀判定

在石油化工设备中，并不是有了游离水就一定会腐蚀，发生腐蚀的条件与介质中有害物质的含量有关，但有水是腐蚀的前提，分析清楚了游离水，就给进一步的腐蚀分析创造了条件。在水分析的基础上再进一步分析 H_2S 分压、HCl 分压、CO_2 分压等，就可能精确地分析与判定腐蚀的可能性，并对其进行控制。

设备发生腐蚀的严重程度也是可以估算的。根据工艺分析，确定了发生腐蚀的条件，结合工艺介质中有害相的含量、温度、分压力、流态、流速，参照公开文献推荐的腐蚀条件，判断腐蚀的严重度。如，对于硫化物应力腐蚀开裂，主要涉及的参数为硫化氢的分压、温度等；均匀腐蚀涉及硫化氢分压、温度、pH 值以及流速、流态等。结合已经发表的文献和相应的标准规范，分析出工艺介质中可能含有的有害相及其含量，即可判断设备可能的失效模式以及表现形式。

4.3.4 应用实例

多相组成的饱和水蒸气或不饱和水蒸气的天然气，经过工艺变化，判定在某一压力、温度条件下水所处的相态。图 4.17 为某天然气净化装置流程图，按照工艺节点，进行流程水分析计算，取压缩机前、后，空冷器后以及原料气预冷器后作为分析节点，理论的水含量如表 4.3 所示。

表 4.3　各个节点的水含量分析表

序号	名称和节点	压力 /MPa	温度 /℃	理论水含量 /%
1	压缩机前	0.75	50	1.4
2	压缩机后	2.3	130	10
3	空冷器后	2.3	45	0.5
4	原料气预冷器后	2.3	25	0.12

根据分析流程中各个节点的水含量的变化，由表 4.3 可以看出，压缩机后的理论水含量比压缩机前大幅度提高，在压缩机前根据工艺条件可知是处于饱和状态，由此可判断在压缩机后的设备和管线中的介质水相态处于不饱和状态，不存在电化学腐蚀条件；空冷器管束和空冷器后的理论含水量降低，由此

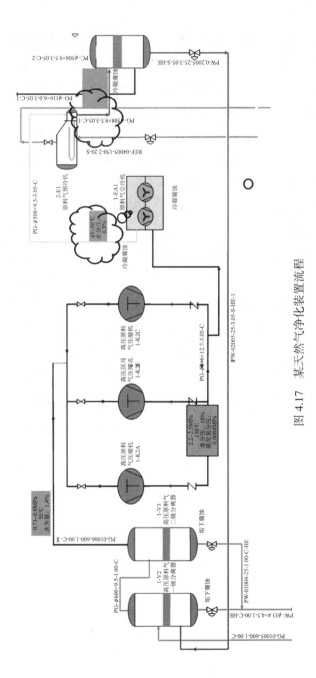

图 4.17 某天然气净化装置流程

可知此节段介质水相处于过饱和状态，即冷凝析出游离水，存在电化学腐蚀条件；原料气预冷器管束、原料气预冷器后的管线设备中的理论水含量继续降低，因而介质水相态处于过饱和状态，冷凝析出液相，存在电化学腐蚀条件。

若设备运行工艺介质中存在腐蚀性介质，如硫化氢、二氧化碳等，空冷器管束和空冷器后的管线设备、原料气预冷器管束、原料气预冷器后的管线设备将会发生电化学腐蚀。

任何金属材料发生腐蚀都是有条件的，不同装置的实际运行工艺条件有差异，即实际的腐蚀工况不同，但是究其腐蚀的本质可知其发生条件分为必要条件和可变条件。石油化工装置介质中所含游离水就是腐蚀介质的载体，属于必要条件，含有的有害介质如硫化氢、二氧化碳、氯化物等也属于必要条件，有害物质溶于水中，构成了电化学腐蚀环境，从而发生了各种各样的腐蚀，而工艺条件如压力、温度的变化，介质含量的变化属于可变条件。依据运行工艺条件对装置工艺流程中各个节点的理论水含量进行计算以及水相态变化，分析存在游离液相水的部位，进而考虑腐蚀介质类型和含量，判定失效机理和失效模式，从而指导现场检验。

第5章 压力容器在线检验中的目视检测

5.1 压力容器在线检验概述

压力容器的在线检验指的是压力容器在运行状态下实施的检验检测活动，它不同于压力容器的定期检验。它们的差异主要体现在三个方面：一方面定期检验是法定的，有检验资质和检验内容的明确要求，而在线检验是用户自觉自愿的，无检验资质要求，可根据用户的条件及要求选择检验内容；另一方面定期检验是停机状态下的检验，在线检验是运行状态下的检验；第三方面定期检验只针对压力容器本体，而在线检验则包括和压力容器有关的方方面面。当然压力容器在运行的过程中，使用者会应用目视检测、测厚、测温等检测方法进行检验检测。但这里所讲的在线检验指的是用户在运行状态下有计划地实施的检验，并有检验记录。在线检验可以由用户自己进行，也可委托其他专业检验机构进行，没有资质要求。随着石化装置及其他化工装置的大型化和长周期运行，用户对在线检验的重视程度越来越高。近年来关于在线检验的文章大量增加，长输管道和集输管道的在线检验已逐渐成为常态。

用声发射技术对常压储罐进行在线检测也逐渐引起了用户的兴趣。

目前虽然压力容器的在线检验已得到了用户在某种程度上的重视，用户自觉地采用一些在线检验检测手段对压力容器和装置实施在线检测，但是在线检验还没有像定期检验那样，形成自己的理论体系。目前发表的文章内容大都是无损检测方法在在线检验方面的应用，而关于在线检验理论的探讨文章还未见报道。在线检验的大量实践证明，压力容器定期检验的基于失效机理的理论体系对在线检验并不适用。业内普遍认为基于风险的检验（RBI）理论体系对在线检验很有帮助，但是目前的 RBI 还没有针对在线检验的完整论述。在本章中我们讨论的重点不是在线检验的具体检测技术，而是对在线检验理论体系进行探讨。

谈到压力容器的在线检验理论体系，首先要回答下面几个问题。

（1）为什么要进行压力容器的在线检验？

（2）在哪些部位进行在线检验？

（3）如何进行在线检验？

（4）何时进行在线检验？

（5）在线检验的效果如何评估？

任何一个压力容器的在线检验理论体系都应该是建立在回答前面四个问题的基础之上的，我们认为只有这样的检验体系才能被广大压力容器用户和压力容器的检测工作者所接受。

5.2　压力容器在线检验的目的

在这里我们主要回答为什么要进行压力容器在线检验的问题，我们可以简单地说压力容器实施在线检验是为了保证压力容器的使用安全，这样的回答是无法说服压力容器用户采用在线检验的。因此我们要对压力容器在线检验的目的进行探讨。压力容器的使用寿命是有限的，压力容器的使用条件是变化的，在使用中条件的变化可能会带来压力容器的损伤，这些损伤可能会对压力容器的安全运行造成影响，同时也可能会对压力容器的使用寿命带来不良影响。压力容器可能存在的损伤是可分析的和可预测的，分析结果的正确与否可通过在线检验来验证。总的来说，在线检验的目的有以下几个方面。

（1）高风险容器的损伤情况监测

对于高风险的压力容器，一旦发生事故，后果不可估量。用户往往希望对这些容器进行监视，防止事故的发生。

（2）监测同类装置中曾经出过容器损伤问题的部位

在以往的使用经验和其他用户的使用经验中容易发生问题的部位，用户希望确认容器在运行中能够避免同样问题的产生。

（3）验证容器可能的损伤分析结果的正确性

用户自己或委托专家机构对装置的损伤机理进行了全面分析后，为了验证分析结论，在运行中对容器的敏感点进行检测。

（4）监视操作条件变化对容器的损害

失常的操作条件会对容器产生损伤，通过对运行操作条件的监测，可以掌握容器出现损伤的可能性。

（5）掌握容器的损伤规律

一些容器在运行中发生某种损伤可能是不可避免的，如高温蠕变、变形、减薄、材料损伤、材料劣化等。对这些损伤进行在线检测，可保证容器的安全运行，不会造成非计划停车。

有了明确的目的，用户才能根据装置的特点及自身经济条件，通过技术经济分析，确定选择在线检验方法的性价比，选择适合的在线检验。随着计算机技术的发展及管理水平的提高，在线检验对实现以上五个方面的目标起到的作用越来越大。概括来说，压力容器在线检验的目的是保证装置的"安、稳、长、满、优"运行，在这里安是指安全；稳是指稳定；长是长周期；满是满负荷；优是优质运行。

5.3　压力容器在线检验中检测方法的选择

在这里讨论在线检验中检测方法的选择问题，也就是回答如何进行在线检验的问题。上一节中谈到了四个环节的在线检验，其中第一、二、四环节检测方法的选择范围较小。本节主要谈谈第三个环节，即对压力容器实施的检验中检测方法的选择问题。检测方法是针对失效模式的，因此有必要首先在这里谈谈压力容器的失效模式。压力容器的失效模式有以下几个方面。

（1）泄漏

压力容器的泄漏是压力容器运行中经常出现的问题，它包括压力容器本体、连接部位及检漏孔的泄漏，往往是更大事故的先兆，尤其是易燃、易爆和有毒介质泄漏可能直接造成事故。我国的化工企业进行"跑、冒、滴、漏"治理，针对的就是泄漏问题。

（2）结构变化（包括附属结构，如保温、附件等）

这里的结构变化指的是压力容器的结构发生变化、局部损坏、附件损坏（包括隔热层）等。

（3）温度异常

温度发生异常变化，包括过高或过低。

（4）减薄

减薄是影响压力容器运行安全及寿命的重要损伤机理。引起的原因多种多样，用户最关心的是腐蚀引起的减薄。

（5）开裂

开裂和减薄一样，是影响压力容器运行安全及寿命的重要损伤机理，某种意义上来说是对压力容器威胁最大的失效模式。影响压力容器开裂的因素更多，如强度不够、材料劣化、应力腐蚀等都是引起开裂的原因。

（6）材料劣化

材料劣化大都发生在高温运行（大于200℃）环境中，因此在线检测的难度很大。

（7）基础损坏

压力容器基础的损坏也是影响压力容器安全运行的因素之一。

对于上面提到的压力容器失效模式，并不是在所有条件下都能够选择有效的检测方法，无损检测工作者在这一方面的探索和研究始终不断。在线检验中可以选择的检测方法大致有以下几种。

（1）目视检测（VT）

目视检测是压力容器最常用的检测方法，也是最重要的检测方法。目视检测因其方便操作和成本低廉而大量应用于压力容器的在线检验当中，并且对大部分失效模式效果明显，但是却没有得到应有的重视，成为被忽视的关键检测技术。关于目视检测技术在《压力容器目视检测技术基础》一书中有详尽的描述。

（2）感觉检测

感觉检测在本书中是第一次提出，它包括听觉、嗅觉和触觉。可能由于该方法在静态的检测中意义不大，且受检测人员个人因素影响太大，在压力容器检验方面还未被列入正式的检测方法。但是压力容器的在线检验针对的是压力容器运行的动态过程，该方法对某些失效模式检测的有效性还是相当高的，如果运用得当，具有相当明显的效果。

（3）超声波测厚

超声波测厚是减薄损伤最常用、最有效的检测方法。高温环境超声波测厚技术的进展使得其在在线检验方面的应用越来越普遍。

（4）表面检测（MT、PT）

表面检测包括磁粉检测和渗透检测，属于常规检测方法，它们对表面缺陷的检测有效性很高，但因其自身特点的原因，在在线检验中很少采用。

（5）超声波检测（UT）

超声波检测属于常规检测方法，对埋藏缺陷的检测具有很高的有效性，和表面检测一样，因自身特点限制，在在线检验中应用很少。

（6）超声波测漏仪检测

超声波测漏仪通过对空气中超声波信号的探测来侦测泄漏点，它对气体介质的泄漏探测有效性很高，由于其使用方便，操作简单，近年来逐渐得到推广。

（7）电磁超声波检测（EMAT）

电磁超声是近年来使用领域迅速扩大的无损检测方法，因为在检测中无需耦合，在在线检验中比常规超声波检测具有更强的生命力。

（8）导波检测

导波检测用于隔热层下的检测效果明显，因此近年来在在线检验中越来越得到重视。

（9）声发射检测（AE）

声发射检测较早应用于在线检验，它对发现活动的裂纹效果明显，近年来其应用范围有扩大的趋势。

（10）磁记忆检测（MMMT）

磁记忆检测方法可以检测金属材料表面和内部的应力分布，能以高准确度确定检测对象上以应力和变形集中区为标志的最高危险区域，达到早期诊断的效果。

（11）红外测温仪

非接触式的测温仪，测量准确，方便使用于在线检验。

表5.1列出了压力容器在线检验中检测方法与失效模式的对应，并给出了检测方法针对失效模式的有效性，方便用户和检测人员选择。

表 5.1　检测方法对应失效模式的有效性

序号	失效模式	限制条件	检测方法	有效性
1	泄漏	无	VT	3
			感觉检测	2
		气体介质	超声波测漏仪	1
2	结构变化	无	VT	1

序号	失效模式	限制条件	检测方法	有效性
3	温度异常	无	VT	2
			感觉检测	2
			红外测温仪	3
4	减薄	常温	导波检测	2
		≤ 250℃	超声波测厚	3
		无	VT	1
5	开裂	常温	VT	1
			MT、PT、UT	1
			MMMT	3
		≤ 250℃	EMAT	3
			AE	1
6	材料劣化	无		
7	基础损坏	无	VT	3

注：1= 高效，2= 适度，3= 可能。

从表 5.1 中可以看到目视检测对于大部分失效模式都有一定的检验效果，并且目视检测具有低成本、简单易行的特点，应在压力容器的在线检验中大力推广。所有的炼油厂和化工厂都有操作工的巡检制度，只要在正常的巡检过程中增加检验计划，形成检验报告，就可以完成有效的压力容器在线目视检测，并取得良好的效果。

5.4 在线目视检测部位及检测内容

这里我们探讨在哪些部位进行在线检验的问题。压力容器在线检验的部位（或检测点）并不局限于压力容器本体，与之相关的其他部位也可能是在线检验的检测点。在线检验部位的确定是建立在对容器的损伤机理分析和风险分析的基础之上的。只有通过分析，找到容器损伤机理，确定造成容器损伤的因素，才能科学合理地确定在线检验部位。

从目视检测的角度来说，装置中的压力容器主要有本体、支承、基础、密封面、紧固件、接管、安全附件、保温层等几个主要部分。图 5.1 是一个简单装置的示意图，借助图示可以看出运行装置中压力容器的大致形态。压力容器的在线目视检测主要是观察这几部分有无异常、有无变化。图 5.2 是立式压力容器的照片，图 5.3 是球形压力容器的照片。装置中的压力容器从外形来分主要有卧式、立式（包括塔器）和球形容器三种，这三种形式的压力容器在目视检测中检查重点略有不同，尤其是在基础和支承方面差异较大。

图 5.1　简单装置示意图　　　　图 5.2　立式压力容器

压力容器的在线检验主要有以下几个特点：

（1）设备处于运行状态，检验活动不能介入包括压力容器本体的封闭压力空间，无法检验设备的内部；

图 5.3　球形压力容器

（2）设备的保温层等覆盖物及相关附件不能轻易地移除；

（3）虽然运行中的压力容器对检测活动有所限制，但是运行过程对容器产生的不利影响更容易观察和记录；

（4）检测中发现的不直接影响压力容器安全正常运行的缺陷只能记录，不能盲目处理，如果发现了间接影响压力容器安全运行的缺陷也要经过慎重认证后，选择处理时机。

所有压力容器都要周期性地进行定期检验，从检验的角度来说，在线检验一方面是压力容器安全检验的一个组成部分，另一方面又是压力容器定期检验的一个补充。从用户的设备使用和维护角度来说，在线检验是装置及设备"安、稳、长、满、优"运行的有效保证手段之一。通过在线检验，用户可以积累大量的设备运行相关信息，如果能够对这些信息进行科学有效的处理，可以为用户提供有力的运行决策依据及检维修决策依据。

下面将对压力容器在线目视检测的主要部位和检查内容加以详细地描述。

5.4.1 压力容器本体的目视检测

压力容器的本体包括容器壳体、封头和法兰，在线目视检测主要检查表面是否有裂纹、凹坑缺陷，容器在运行过程中是否出现变形、腐蚀、泄漏、过热和鼓泡等缺陷。运行中的压力容器大多数表面覆盖有保温层或防腐层，不易直接观察，因此目视检测主要观察有无变形、外部腐蚀、泄漏、过热和鼓泡等，同时观察覆盖层（保温或防腐）的损坏及变化，覆盖层的变化往往会对其所覆盖的设备产生影响。注意在线检验中的检测活动可以方便地重复，通过重复观察能够发现缺陷或疑似缺陷发展变化的过程，如果合理地加以记录便可为定期检验的检验方案制定提供针对性的依据，同时为定期检验中所发现的缺陷分析提供判断线索及依据。

1. 变形检查

需要重点检查的是壳体和封头是否有明显的变形或形状异常。如果发现异常，则应测量其变形尺寸；如果在表面发现鼓泡，则应安排测厚和超声波检测，并对鼓泡点做详细的记录，确定是不是氢鼓泡。

2. 泄漏

泄漏是压力容器的危险缺陷，在线检验中的检查比定期检验中的检查更加有效。除了目视检测之外还可以辅助听觉检查。检验员在检查的过程中要仔细观察容器本体、法兰和焊缝的表面，特别是观察接管角焊缝的表面，观察有无泄漏现象。

如果发现泄漏的痕迹，应做出标记并记录、上报。

图 5.4 为接管发生泄漏的情况，图 5.5 为焊缝泄漏的情况。

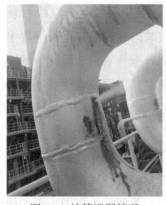 

图 5.4　接管泄漏情况　　　　　图 5.5　焊缝泄漏情况

3. 过热

过热的检查主要是观察容器表面的颜色。如发现有可能发生过热的现象，应及时上报，并详细记录过热部位及影响范围。

4. 鼓泡

鼓泡也是压力容器常见的缺陷之一，鼓泡的形成原因很多，湿 H_2S 环境中的碳钢可能出现鼓泡，高温高压的临氢设备也会产生鼓泡。检查鼓泡时应注意区别表面覆盖层的鼓泡与容器材料的鼓泡。图 5.6 为湿 H_2S 环境中的碳钢出现的鼓泡。应当注意，用平行辅助照明的方式检查鼓泡效果最佳。

检验员发现鼓泡后应测量鼓泡的高度和鼓泡的直径，同时还要统计鼓泡的分布情况，并对测量值和分布情况进行记录。

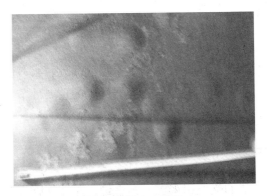

图 5.6   湿 H_2S 鼓泡

5. 腐蚀

压力容器针对腐蚀的目视检测应注意是否有腐蚀造成的表面重锈或蚀坑，应记录重锈的位置。对于蚀坑则应测量坑深，统计蚀坑的分布，并做好记录。图 5.7 为压力容器中几种主要腐蚀形式的示意。在线目视检测中进行腐蚀检查的重点是外部腐蚀，主要观察容器外表面有无附着物及其他异常，防腐层有无破损等状况，保温层有无损坏、浸水或潮湿现象。

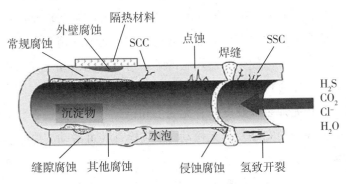

图 5.7   各种腐蚀发生的部位及形态图解

5.4.2 基础与支座的目视检测

基础与支座是压力容器的重要组成部分，它对压力容器能否安全运行至关重要，是压力容器检验的重要环节。目视检测目前是针对基础和支座有效性最高的检测手段。

1. 支座

压力容器的支座用来支承其重量，并使其固定在一定的位置上。在某些场合下支座还要承受操作时的振动、风载荷和地震载荷等。压力容器支座的结构形式根据容器自身的形式分成卧式容器支座和立式容器支座，也有人将球罐的立柱单独作为一种结构形式。还有一些其他的支座形式，例如小型压力容器可直接由接管固定在管道上。

（1）卧式容器支座

卧式容器的支座通常采用鞍座，图 5.8 是压力容器的鞍座示意图。检验中首先要检查支座的形式及数量，压力容器的鞍座通常有两个，其中一个是固定的，另一个是滑动的。图 5.9 中的（a）图是固定鞍座的底座图，（b）图是滑动鞍座的底座图，从图中可看出其区别在于底座上的螺栓孔，滑动鞍座的螺栓孔是长孔，以便于容器热胀冷缩时可以自由滑动。其目视检测时，首先应检查鞍座与容器的连接焊缝有无开裂，支座自身的焊缝有无开裂以及支座有无变形和错位等。其次检查紧固螺栓是否齐全、完好及有无松动，还应检查其可滑动支座是否能够顺畅滑动。

（2）立式容器支座

立式压力容器的支座形式主要有耳式支座、支承式支座、

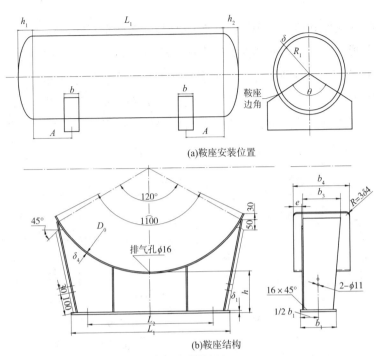

(a)鞍座安装位置

(b)鞍座结构

图 5.8 卧式压力容器的鞍式支座示意图

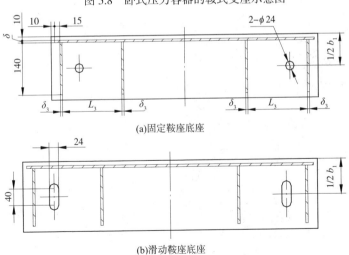

(a)固定鞍座底座

(b)滑动鞍座底座

图 5.9 卧式压力容器的鞍式支座底座示意图

腿式支座和裙式支座等。图 5.10 是耳式支座示意图，耳式支座布置在立式容器的侧面，通常用于框架中的容器。图 5.11 是支承式支座示意图，这样的支座常见于直接放置于地面的容器。图 5.12 是支承式支座的照片。图 5.13 是腿式支座示意图。立式支座的目视检测应该检查支座与容器的连接焊缝有无开裂，支座自身的焊缝有无开裂以及支座有无变形等。

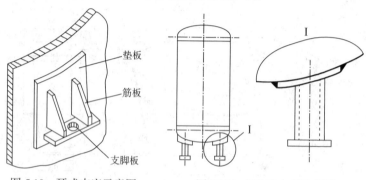

图 5.10　耳式支座示意图　　　　图 5.11　支承式支座示意图

图 5.12　支承式支座照片

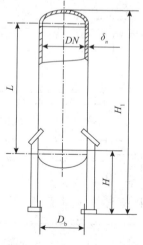

图 5.13　腿式支座示意图

（3）裙式支座

裙式支座常用于塔式容器和大型立式容器，是最常见的塔器设备支承结构（图5.14）。按所支承设备的高度与直径比，裙座可分成圆筒形和圆锥形两种。由于圆筒形裙座制造方便且节省材料，所以被广泛采用。但对于承受较大风载荷和地震载荷的塔，需要配置较多的地脚螺栓和承受面积较大的基础环，则采用圆锥形裙座支承结构。图5.15是圆

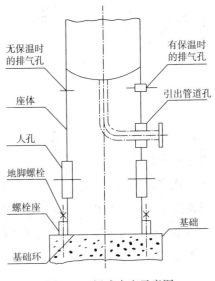

图5.14　裙式支座示意图

筒形和圆锥形裙式支座的示意图。裙座由裙座体、基础环板、螺栓座及地脚螺栓等结构组成。如果封头是由数块钢板拼焊而

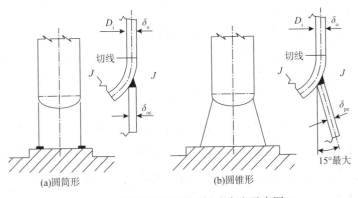

(a)圆筒形　　　　　　　(b)圆锥形

图5.15　圆筒形和圆锥形裙式支座示意图

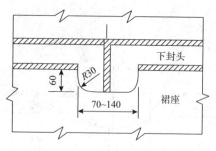

图 5.16　裙座焊缝布置

成，则应在裙座上相应部位开有缺口，以免连接焊缝和封头焊缝相互交叉，如图 5.16 所示。

裙座的上端与塔体的底封头焊接，下端与基础环、筋板焊接，距地面一定高度处开有人孔、出料孔等通道，基础环与上筋板之间还组成螺栓座结构。基础环板通常是一块环形板，基础环板上的螺栓孔开成圆缺口而不是圆形孔，螺栓座由筋板和压板构成。地脚螺栓穿过基础环板与压板，把裙座固定在地基上。座体和塔体的连接焊缝应和塔体本身的环焊缝保持一定距离。图 5.17 是裙式支座的螺栓座示意图。

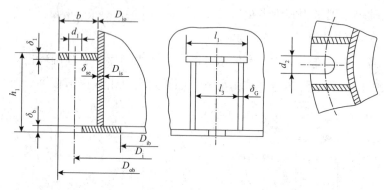

图 5.17　螺栓座示意图

裙式支座的目视检测应该检查支座与容器的连接焊缝有无开裂、支座自身的焊缝有无开裂、支座有无变形和错位等。此外，紧固螺栓是否齐全、完好及有无松动，支座与容器的连接焊缝是否与封头的拼缝交叉均应检查。

（4）立柱结构

球形容器大多采用立柱结构，大家都将其称为支腿或球腿。球腿的检查主要检查球腿与容器的连接焊缝有无开裂，检查支座有无变形、错位等缺陷，注意球腿与球壳之间的角度和距离变化可观察到球腿有无变形。检查基础的紧固螺栓是否齐全、完好、有无松动。检查球腿间的拉杆松紧状况，如发现有过松的拉杆应进行记录。除此之外还应根据需要选择是否检查各个球腿的沉降。

2. 基础

压力容器的支座大多固定在基础上，基础对压力容器安全运行的影响也是不可忽视的。容器的基础都是由钢筋混凝土或耐火结构钢筋混凝土构成的，应检查其是否有诸如剥落、开裂、下沉等缺陷。剥落可能由过热、机械振动、钢筋腐蚀或潮湿冻结等引起。混凝土或防火材料上的裂纹可能由过热、设计或材料不良、机械振动、不均匀下沉引起。高温或湿度变化引起混凝土或防火材料上产生的裂纹通常像头发一样细小，只要裂纹没有使混凝土中的钢筋暴露便不认为是严重腐蚀。

当出现大的裂纹并存在扩展但没有发生下沉时，可能是由于设计或材料不良引起的，需要仔细地检查和分析。如果设计正确，则裂纹很可能是混凝土材料不良引起的。图 5.18 是一个开裂的基础照片。

图 5.18　开裂的基础

基础有可能下沉，当沉降均匀且沉降量不大时，不会有什么问题。若沉降量较大或不均匀时，则应采取措施以防严重损坏发生。基础有沉降时应做好沉降记录，可用铅垂线和钢尺对沉降进行粗检。当需要准确测量时，需用测量水平仪或其他仪器。可见沉降可通过基础与其周围地面的不一致观察到。

5.4.3　隔热层和防腐层的目视检测

1. 隔热层

隔热层是压力容器的重要部分，通常称为保温或保冷。许多压力容器的失效都与隔热层的破损有关，同样许多压力容器的失效也会在隔热层上有所反映。隔热层的失效可引起压力容器的外部腐蚀、应力腐蚀、超温、局部过热等严重影响压力容器安全使用的缺陷。例如催化再生器的保温层破损可能引起再生器的应力腐蚀，焦炭塔的保温层损坏可能造成焦炭塔的鼓凸等。隔热层的检查主要是观察它的完好程度，隔热层的作用多种多样，主要分为保温和保冷两类，容器壁温高于常温的习惯上称为保温，容器壁温低于常温的习惯上称为保冷。隔热层的失效形式主要有破损、脱落、潮湿、跑冷（指结霜、结冰或表面潮湿）等，如果隔热层发现明显破损和缺失，应进行详细记录。隔热层的目视检测主要包括以下内容：

（1）检查隔热层下是否密实，是否有水浸泡的迹象；

（2）检查隔热层的表面包覆材料是否有明显的损坏和变形；

（3）检查隔热层是否有局部的表面温度异常；

（4）检查保冷是否有跑冷现象（结霜、结冰或表面潮湿）。

2. 防腐层

防腐层对压力容器的作用是不言而喻的，本节描述的防腐层指的是压力容器内外表面的防腐涂层。防腐层的失效可直接导致压力容器产生腐蚀缺陷。压力容器最常见的防腐层是油漆，包括底漆和面漆，常见的防腐层失效有锈点、鼓泡（鼓泡）、起皮和剥落等，图5.19是压力容器防腐层鼓泡的照片。在线目视检测中，防腐层上如果有污物附着，也应引起检验员的注意。

图5.19　压力容器防腐层鼓泡

5.4.4　密封面和紧固件的检测

压力容器的密封面和紧固件是保证压力容器安全运行的重要组成部分，因为压力容器的密封面或紧固件失效造成的压力容器安全事故比例不容忽视。压力容器的密封面主要有接管密封面、人孔密封面以及与外部连接的螺纹密封面，还有如热交换器的管箱和筒体之间的法兰密封面等。压力容器的紧固件主要是螺栓和螺母。压力容器的密封垫片也是保证压力容器安全运行的主要零件之一。

密封面的检查主要是观察有无泄漏的迹象及有无污物附着，如有可能还应观察密封垫有无异常。压力容器的紧固件主要是指紧固螺栓和螺母，紧固件的检查主要是检查螺栓和螺母有无裂纹、腐蚀和机械损伤等缺陷，特别是螺纹部分的缺陷。

5.4.5　接管与法兰的目视检测

在这里接管指的是容器与外界连接的管道，包括人孔和手孔的接管。法兰是焊接在接管上与外部设备连接的部件，有时法兰上也会安装盖板，如人孔法兰、手孔法兰等。压力容器接管和法兰的目视检测非常重要，接管的目视检测包括接管与容器壳体的连接焊缝以及接管与法兰的连接焊缝。压力容器的接管由于位置的原因往往不容易观察，但在接管上经常容易发现在壳体上没有的缺陷。

（1）接管及其角焊缝

在接管的目视检测中，由于检查位置往往受到很多限制，因此在检查接管时需要用到灯光和反光镜。需要强调指出的是，大多数接管由于与外界直接相连，更容易受到外力的影响，接管的变形是主要的检查项目。靠尺是检查接管变形比较有效的工具，如果发现接管变形，应该注意对接管焊缝的裂纹进行检查。另外注入管和盲管也是容易产生腐蚀的部位，对于这两类接管及其附近的壳体应特别注意检查腐蚀。图 5.20 是一个容器接管在运行过程中因泄漏而打堵漏卡子的照片。

图 5.20　接管上的堵漏卡子

（2）法兰

法兰是压力容器的重要部件，它的失效会引起压力容器的泄漏。法兰的目视检测要观察法兰表面有无裂纹、变形、腐蚀等缺陷。这里要着重强调的是法兰的变形观察，这对法兰的功能很重要，如果法兰产生变形，会影响法兰的密封性能，使得压力容器在运行中产生泄漏。法兰的变形检测可使用靠尺或水平尺。

5.4.6　安全附件及仪表

压力容器的安全附件及仪表起着保证压力容器安全运行的作用，对压力容器的安全使用非常重要。压力容器的安全附件及仪表主要有压力测量显示装置、温度测量显示装置、液位测量显示装置和压力泄放装置等。

压力测量显示装置有压力表、压力变送器、压力传感器等。在现代化工装置中，有些压力的显示含在装置的 DCS 系统上，在压力容器本体上并不装设压力显示装置。温度测量显示装置较多，有各种各样的温度计和温度传感器。与压力测量显示装置类似，在现代化工装置中，许多温度显示包含在装置的 DCS 系统上，在压力容器本体上并不装设温度显示装置。液位测量显示装置的种类也很多，有各种各样的液位计，一般压力容器的液面显示多用玻璃板液面计。石油化工装置的压力容器，如各类液化石油气体的储存压力容器，选用各种不同作用原理、构造和性能的液位指示仪表。介质为粉体物料的压力容器，多数选用放射性同位素料位仪表指示粉体的料位高度；盛装 0℃以下介质的压力容器，应选用防霜液面计；介质为易燃、毒性程度为极度和高度危害的液化气体压力容器，应采用板式或自动液面指示计，并应有防止泄漏的保护装置。压力泄放装置有安全阀和爆破片等。

在线检验中安全附件的目视检测主要是检查安全附件及仪表外观是否完好，与容器连接处有无泄漏，有无在使用中妨碍正常工作的缺陷。

5.5　在线检验时机

压力容器在线检验的时机包含两个含义，一个是什么时候检，另一个是多长时间检一次，也就是说检验的频次或周期。首先在线检验当然是在容器运行期间进行的，装置因其自身需要，会安排定期巡检。目视检测可在装置巡检时由操作工在巡检的同时完成，只是对实施巡检的操作工要进行目视检测培训，并且明确巡检中的目视检测要求，同时明确检测记录要求。对于检测简单的科目，操作方便、成本低、效果好、安排的检测频次可相对较高。而对于需要测量的科目可以不必太过频繁，对发现了问题的部位可提高检验频次。

5.6　在线检验管理

在线检验一旦开展，记录数据会非常庞杂。如果由专业人员来收集，会得到一大堆重复的正常数据，专业人员会开始疲惫，最后变得不再专业。现代计算机技术的发展使得大量数据的采集和处理不再昂贵，借助电脑对在线检验进行管理成为必然，但是在这方面还有许多的探索和研究工作要做。图 5.21是计算机在线检验管理系统的程序框图。检验记录数据首先在程序中的专家系统中进行判断，发现异常后分级报警，并给出发展趋势的图表，提醒人工干预。

如果装置在运行中设备出现问题，而在线检验管理系统并没有起到预先发现的作用，就应组织专家对问题原因进行分析，找出计算机专家管理系统的缺陷，对专家管理系统进行改进。改进包括检测和监测的改进以及专家系统的改进。通过不断地改进和调整，在线检验对保证装置"安、稳、长、满、优"运行的效果会越来越显著。

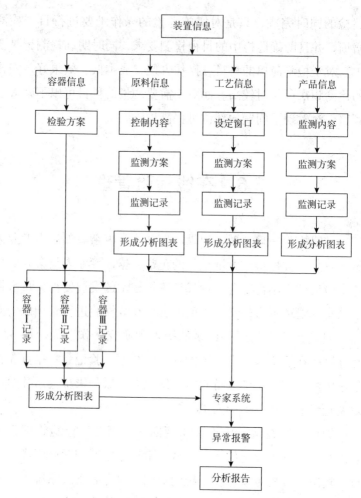

图 5.21　计算机在线检验管理系统的程序框图

152

第6章 失效分析案例库

在本书前面的叙述中我们一直使用缺陷的称谓，在这一章中我们的标题却是失效分析案例库。这是因为失效分析的外延要大于缺陷分析，或者说缺陷分析是失效分析的一部分，虽然它包含了失效分析的绝大多数内容，但是它不能等同于失效分析。而对于案例库来说，失效分析案例中的绝大部分内容是缺陷分析，而进入人工智能和大数据时代后，案例库的潜在作用非常强大，因此我们在构想案例库时就不能仅仅局限于缺陷分析。本章中我们将对所构想的失效分析案例库作一个详细的介绍。

6.1 案例库的功能分析

案例库的服务对象主要考虑四个，它们分别是监管体系、压力容器用户、压力容器检验机构及压力容器供应商，如图6.1所示。具体的服务内容将在下面详细描述。

6.1.1 服务监管体系

压力容器属于特种设备，在我国有依据《中华人民共和国

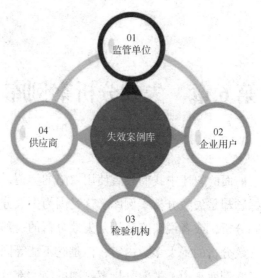

图 6.1　案例库服务对象

特种设备安全法》构建的特种设备监管体系，监管体系在特种设备的安全运行方面发挥了巨大的作用。案例库首先应能够服务于该监管体系。在这里我们构想一下案例库可以为监管体系提供哪些服务？

（1）某时间段中压力容器的失效数量；

（2）某种压力容器的失效比率，包括其中某种缺陷类型的产生比率，某种装置中压力容器的失效比率；

（3）高比例失效模式的处理措施及已知的处理效果；

（4）了解哪些装置中压力容器失效比率较高，主要有哪些问题；

（5）某区域内压力容器的风险。

图 6.2 形象地绘出了案例库可为监管体系提供的服务内容，当然仅仅依靠案例库中录入的经过分析的案例数据难以

达到上面所描绘的服务效果。目前应用于压力容器的数据非常多，如果能够很好地利用现有的数据，案例库的功能将更加强大，比如想知道某种压力容器在某一区域中有多少，它们的运行状态如何，风险有多大，采取了哪些风险防范措施等，案例库都应能够给出搜索结果。如何解决案例库的数据来源问题，将在后面的 6.2 节中详细讨论。

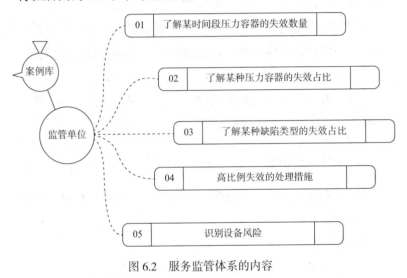

图 6.2　服务监管体系的内容

6.1.2　服务用户

失效分析案例库最重要的服务对象应该是广大压力容器用户，其构建必须充分考虑到用户的需求。用户的需求按时段分主要有三个阶段，分别是压力容器采购阶段、正常运行阶段和发现问题后的处理阶段。下面对这三个阶段中案例库能够产生的作用加以分析。

1. 采购阶段

（1）用户在采购压力容器选型时能够通过对案例库的检索发现以前存在的问题，以及问题的解决方案，在选型时从技术方案上避免过去问题的重复发生。

（2）设计时通过对案例库的检索或发现过去容易产生问题的结构，从而在新的设计中采取措施加以避免。

（3）用户通过检索案例库能够了解装置中某台压力容器容易出现的问题，这样就可以在制造过程中要求采取相应措施，并予以适当的监督（比如监造）。

（4）用户可根据检索案例库时发现的问题，在压力容器交货验收时选择有针对性的检验手段，防止带病验收。

2. 正常运行阶段

案例库在压力容器运行阶段可为压力容器用户提供以下四个方面的服务：

（1）管理

通过对案例库的检索能够让用户了解某类压力容器在运行过程中可能发生什么问题，为了避免问题的发生，在操作时应该注意的事项。

（2）监测

针对某类压力容器的问题规律，提示用户运行监测的重点。

（3）检修

案例库可帮助用户制定检修计划，提前准备备品、备件，准备可能需要的修理措施。

（4）开停工

案例库可检索某类压力容器在开停工期间可能出现的问题，并提示用户，同时可给出问题解决措施。

3.问题处理阶段

如果压力容器发现产生了缺陷，就要对缺陷进行处理，这就是这里所说的问题处理阶段。通过对案例库的检索，用户可查找同类装置中的同类容器所发生的同类问题，找出问题的原因，这就是本书所介绍的类比推理，同时参考同类问题的处理措施，制定问题处理方案。这就要求案例库能够找出同类容器，并给出相似度。比较相似度的途径主要有装置、用途、结构类型、介质、操作参数等。

6.1.3 服务检验机构

本丛书主要是站在检验检测机构的角度来写的，这里介绍的案例库当然也要服务于检验检测机构。在本书第一章所描述的检测体系中，检验检测机构能够从案例库中得到的帮助主要有以下几点：

（1）帮助机构制定检测方案；

（2）帮助机构进行缺陷分析。

分析缺陷的目的是为了处理缺陷，因此缺陷分析结果的正确性是至关重要的。错误的分析结果如果用于缺陷处理，则可能带来完全相反的处理效果。如何判断分析结果的正确性呢？最令人信服的判断方法就是比较处理过的案例。如果我们建立了失效案例库，则为判定分析结果的正确性提供了强有力的工具。失效分析案例库能够找出与所分析的缺陷压力容器同类装置、同用途及类似使用条件的案例，判定是否属于同一缺陷类型及相近位置，分析的结论是否得到验证，与缺陷分析系统分析的结果是否一致。如果一致则印证了系统的分析结果，否则应人工检视分析结果，找出造成不一致的原因，并用人工分析结果修正缺陷分析系统和缺陷案例系统。

6.1.4　服务供应商

这里的供应商包括压力容器的设计单位、制造单位和零配件厂家等。供应商可通过案例库的检索，发现其将要提供的产品在哪些方面可能出问题，从而采取针对性措施提高产品质量和产品可靠性，同时提高产品竞争力。

6.2　案例库的结构

6.2.1　案例库数据

案例库中的数据必须要考虑案例的完整性，也就是说库中的数据必须完全支持分析结果。同时还要考虑到与相关监管体系和检验体系中数据的统一性，只有这样才能保证库中数据来源的广泛性，同时使得数据库可以发挥更大的作用。在这里要着重说明的一个重点是，案例数据不仅仅收集发现缺陷并进行了失效分析的容器案例数据，在检验中发现了缺陷没有进行相关分析的或者没有相关分析数据的容器数据如果得到统计也是非常有价值的，如果能够统计足够多的没有发现缺陷的同类容器数据，对于数据库的使用者来说也是具有相当价值的。因此数据库需要考虑与特种设备使用管理规则的统一、与 RBI 数据的统一以及与压力容器检验报告数据的统一，这可以大大拓展数据库中的数据来源。下面我们对案例库需要收集哪些方面的资料及数据进行分析。

首先案例库是由数据组成的，其最主要的组成就是数据库，科学合理的数据结构决定了案例库的功能、适应性及生命力。在本节对案例库的数据结构进行分析，探讨如何设计案例库的数据结构。

设计案例库的数据结构首先应从案例库的功能入手，案例库的功能首先是储存案例相关数据，同时还要实现上一节中所描述的功能。

压力容器的失效具有普遍性和规律性，同时也有偶然性和突发性。随着压力容器的发展进步，经常会出现一些偶然的突发失效，科学准确地找出失效的原因后，这些缺陷在我们的认识上就具有了规律性，就可能采取妥善的措施避免及预防，案例库的作用就在于此。因此案例库的结构应以压力容器的使用条件为基础，压力容器的材料、结构特征为影响因素。在案例库中除了输入对应的失效判断条件外，还应能够对特定容器的使用相关资料尽可能多地收集，并能对其条件参数进行相应的检索。

1. 唯一性标识

案例数据库是由一个个案例组成的，它们的来源各不相同，除了我们刻意收集的案例外，还应该包括上面我们罗列的三种数据来源，这样才有可能组成具有大数据功能的案例库。由于不同的数据来源可能使一组数据重复出现，因此数据需要有效地管理，每一组数据都要有一个唯一性标识。在中国，压力容器中有的属于特种设备，它们具有的设备代码和使用登记证号在全国都是唯一的。每个压力容器用户单位都有设备编号，也称设备位号，在用户单位中常常作为唯一性标识，但是位号必须与用户及装置联合使用，才能保证编号所对应设备的唯一性。

对于数据库来说，每一个案例也应该有一个自己的编号，以保证库内的唯一性对应。这个编号既不能太繁杂，又要尽可能多地承载有效信息，比如录入日期、资料来源等，考虑到案例数据库的扩展问题，可以在编号中加一个设备类型识别符。

LSK XXX YYYY/MM/DD LLL NNNN SH GX DY

（1）LSK 是失效分析案例库的标识。

（2）XXX 是数据来源，数据来源分为以下几类：

①失效分析报告录入 BLR；

②文献录入 WLR；

③失效分析软件导入 RDR；

④使用登记库导入 SDR；

⑤RBI 数据库导入 RBI；

⑥检验报告导入 JDR；

⑦技术咨询 RZD；

⑧网上填报 WBD；

⑨以上都不是 QTD。

（3）YYYY/MM/DD 时间戳是录入日期，如果是在案例库系统中录入，这一数据应能够自动生成。

（4）LLL 是设备种类识别。

（5）NNNN 是流水序号。

（6）SH 标识数据是否经过审核。

（7）GX 标识数据是否经过更新。

（8）DY 是设备所处的行政区域识别。

与常用相关数据库的数据互换：

（1）考虑与特种设备使用登记数据库的数据互换；

（2）RBI 数据库；

（3）压力容器检验报告数据。

2. 基本信息

基本信息是压力容器的识别信息，在案例库中首先要满足缺陷分析的基本需要，同时要考虑与前述三个数据库的数据交换，还要兼顾案例库的服务功能。表 6.1 是库中数据的基本信息，其中带有 * 号的是失效分析案例所必须有的信息。在有些完整的失效分析报告中，因为某种原因可能有意隐去了使用单位的信息，这并不影响数据的完整。这里的信息除了下面特殊说明的之外，与使用登记表中的数据同名，在压力容器检验报告中也同样有这些同名信息。

表 6.1　基本信息

一	基本信息	
1	*设备名称	
2	设备代码	
3	*设备位号	
4	*设备种类	

一	基本信息		
5	设备品种		
6	型号规格		
7	设计使用年限		
8	设计单位		
9	制造单位		
10	施工单位		
11	监督检验机构		
12	*使用单位		
13	统一社会信用代码		
14	*设备使用地点		
15	投入使用日期		
16	使用登记证号		

注：①表中带*号的为必填数据；

②设备种类：压力容器、锅炉、压力管道、其他；

③设备品种：超高压、三类、二类、一类；

④设备名称：（使用登记表中使用"产品名称"）。

3. 装置信息

这里的装置指的是缺陷压力容器所在的装置，在不同的地域或行业有时也称为单元或工段。一个装置中拥有许多压力容器及其他设备，同一个装置中的装置信息是一致的。功能相同或相近的装置中，设备可能出现同样的问题。完整翔实的装置信息有助于失效机理的筛选，在案例库中还能反映国内是否有相同或相近的装置，本装置中的设备与其他装置中的设备有无差异，其他装置是否出过类似的问题等。表 6.2 中所列的装置信息主要是 RBI 数据库中的数据。

表 6.2　装置信息

二	装置信息		
1	*装置名称		
2	PID 号		
3	PFD 号		
4	工艺简介		
5	同类装置描述		
6	冬季温度		
7	地震带		

注：①表中带＊号的为必填数据；

②装置名称：在使用登记表中和检验报告中，使用"设备使用地点"；

③PID：管道和仪表流程图；

④PFD：工艺流程图；

⑤工艺简介：对装置操作工艺进行简单的描述，最权威的描述来自《装置操作规程》；

⑥同类装置描述：尽可能地对知道的同类装置情况进行说明。

4. 设备信息

设备信息指的是容器自身的技术信息，包括容器的结构、设计温度和压力、操作温度和压力、操作介质等。表 6.3 中除了少数特殊说明外，其他大部分都可在 RBI 数据和检验报告数据中找到。

表 6.3　设备信息

三	设备信息		
1	*设备形式		
2	设备结构说明		
3	图纸审查		
4	设计计算书		
5	质量证明书		

三	设备信息				
6	*材质	壳程		管程	
7	热处理状态	壳程		管程	
8	*厚度				
9	长度				
10	*主直径				
11	其他直径				
12	*设计压力				
13	*设计温度				
14	制造规范				
15	当前服役时间				
16	保温				
17	外涂层				
18	衬里（MOC）				
19	同类设备描述				

注：①表中带*号的为必填数据；
②设备形式：反应容器、换热容器、分离容器、塔器、球形容器、夹套容器、卧式容器、立式容器等；
③设备结构说明：如果容器结构有需要特殊说明的在这里填写；
④图纸审查：图纸审查的结果在这里填写；
⑤设计计算书：设计计算书的审查结果在这里填写；
⑥质量证明书：质量证明书的审查结果在这里填写；
⑦同类设备描述：对已知的同类设备状况作一个说明。

5. 运行状态信息

运行状态信息反映了压力容器的运行状态，是失效机理筛选的主要参考依据。内容包括容器的操作压力、温度和介质，如果有冲刷腐蚀现象，还应了解缺陷部位的介质流速。许多压力容器的缺陷是在异常操作状态下产生的，或者是在开、停工过程中产生的，因此在缺陷分析收集运行状态信息时除了要收集反映正常操作运行状态的相关信息外，还要注意收集反映异常操作运行状态的相关信息以及容器在开、停工状态的相关操作信息，表6.4 中列出了这些信息。

表6.4　运行状态信息

四	运行状态信息		
1	＊操作压力		
2	操作压力说明		
3	＊操作温度		
4	操作温度说明		
5	＊介质		
6	操作介质说明		
7	开、停工状态		
8	介质流速说明		
9	运行状态说明		
10	有害介质说明		
11	有害介质浓度		
12	典型组分		
13	停机数		

注：表中带＊号的为必填数据。

6. 缺陷信息

缺陷信息是缺陷分析特有的信息，这一部分信息与前面提到的三个数据来源都没有直接关系，包括缺陷的形貌、位置，

缺陷的尺寸等，相邻的结构状况，相邻部位的其他缺陷状况
等，缺陷信息表如表 6.5 所示。

表 6.5　缺陷信息

五	缺陷信息	
1	* 缺陷位置	
2	* 缺陷形态	
3	* 缺陷性质	
4	缺陷尺寸	
5	相关结构描述	
6	相邻缺陷描述	
7	缺陷检测方法	
8	* 缺陷部位材质	
9	热处理状态	

注：表中带 * 号的为必填数据。

7. 定期检验信息

定期检验信息不是缺陷分析的必填信息，但是对于完善案
例库的功能却是非常有效的。数据主要来自 RBI 数据库及压力
容器检验报告。一台压力容器在整个生命周期中经历过不止一
次检验，因此关于检验报告的数据在后面是可以重复的。表 6.6
列出了定期检验信息。

表 6.6　定期检验信息

六	定期检验信息	
1	腐蚀工况	
2	污垢工况	
3	非常清洁工况	
4	损伤机理模块	
5	检验方案	

六	定期检验信息				
6	报告编号		检验日期		
7	检验单位		检验类别		
8	问题及其处理				
9	检验项目				
10	报告编号		检验日期		
11	检验单位		检验类别		
12	问题及其处理				
13	检验项目				

8. 初步分析检测信息

在本书的第 2 章 2.2 节中描述了缺陷分析的初步检测，这里的初步分析检测信息反映了检验结果。并不是所有的缺陷分析过程都要进行全项目的初步检测分析，因此表 6.7 中的信息并不要求完整。

表 6.7　初步分析检测信息

七	初步分析检测信息		
1	化学成分分析		
2	金相组织检验		
3	力学性能测试		
4	硬度测定		
5	结构尺寸测量		

9. 验证分析检测信息

验证分析检测信息反映的是经过机理筛选完成后，拟定的验证检验结果。表 6.8 中的其他检测数目根据实际情况填写。

表 6.8　验证分析检测信息

八	验证分析检测信息		
1	断口宏观检测		
2	电镜检测		
3	能谱分析		
4	电子探针		
5	应力分析		
6	其他检测		
7	其他检测		
8	其他检测		

10. 分析结论信息

表 6.9 反映的是缺陷分析完成后所得到的信息。

表 6.9　分析结论信息

九	分析结论信息		
1	缺陷机理		
2	缺陷产生原因		
3	缺陷控制因素		
4	缺陷处理建议		
5	其他		

11. 处理措施信息

如果能够得到缺陷的处理情况，则填写在表 6.10 中。

表 6.10　处理措施信息

十	处理措施信息	
1	修复措施	
2	预防措施	
3	其他措施	
4	处理结果	
5	其他	

12.结果验证信息

如果分析结果处理措施得到验证，比如处理后运行一段时间后进行了针对性的检验，检验结果与预期一致，则在表 6.11 中反映。

表 6.11　结果验证信息

十一	结果验证信息	
1	验证方法	
2	验证周期	
3	验证结果	
4	其他	

6.2.2　案例库功能

在前面 6.1 节中我们对案例库应该具有的功能做了分析，这里我们主要讨论在案例库的构建中如何考虑其具体功能。

1.资料服务

（1）相关法规；

（2）相关标准；

（3）相关文献；

（4）相关知识（百科）。

2. 新闻服务

（1）相关行业动态；

（2）国家相关政策；

（3）行业专家推荐；

（4）优秀企业宣传。

3. 技术培训

（1）学习资料；

（2）培训专题；

（3）升级测验；

（4）通过培训证书。

4. 检索服务

检索服务针对的是压力容器，这样就需要对库内的压力容器进行数据的重合度识别。

（1）同类设备问题检索；

（2）问题比例检索；

（3）同类设备的同类缺陷失效分析结果检索；

（4）缺陷处理措施检索；

（5）缺陷预防措施检索（由于指向同类压力容器，这一类的预防措施会更加明确，可操作性会更强）；

（6）检索案例库基础数据。

5. 数据录入服务

专业录入人员和案例库用户都可以根据提示录入案例库数据。

6. 技术交流服务

（1）与案例库之间的交流；

（2）用户之间的交流；

（3）相关科技论文发布。

7. 自学习

（1）案例库应能如饥似渴地获取有价值的信息，例如检验方案及装置操作规程等，以及公开发表的失效分析文献等；

（2）案例库可根据搜索过的内容推荐相关的知识；

（3）案例库拥有网络很难搜索到的专业内容；

（4）案例库提供专业技术内容，避免了搜索软件在垃圾中寻找宝贝的尴尬；

（5）案例库的技术专家组织对收集的相关内容进行甄别，并对用户提示所收到信息是否经过甄别。

6.3 案例库的数据来源

对于大数据来说，数据来源非常重要，目前的数据库中主要的数据还都是通过手工输入的。如果仅仅依靠手工输入来获得数据，很难得到大数据概念的案例库。如何解决数据来源的问题呢？

（1）与其他数据库联动。案例库应能够获取行业内特种设备使用登记数据库、RBI数据库和检验报告数据库中的数据。

（2）靠服务功能扩展数据来源。

（3）建立失效分析系统。

（4）失效分析技术咨询。失效分析案例库受理技术咨询，咨询的结果可以作为案例库的数据来源。

（5）用户填报。案例库系统受理用户咨询及填报案例，其结果可作为案例库的数据来源。

在对压力容器以及其他承压设备的各类检验检测中，会产生大量的检测数据，这些检测数据孤立来看除了反映被检测设备的现状之外，没有更多的价值，但是如果将这些数据长期积累起来，并将它们与设备的运行状态相关联，就会产生巨大的价值。如何让这些检测数据活起来，发挥它们的价值，是大数据时代必须解决的问题。本章所描述的案例数据库为解决这个问题提出了一个可行有效的思路。

第7章 压力容器目视检测展望

7.1 概述

这是本书及本丛书的最后一章,前面我们在本丛书中将压力容器检验中目视检测的现状及相关技术已详细地介绍清楚了,这一章中我们将对目视检测的发展做一个展望。现在物联网、互联网+、大数据、人工智能等现代科技新概念层出不穷,我们也即将进入 5G 时代,但是在压力容器检验行业中,这些相关技术的运用及发展却鲜见报道。压力容器检验的发展肯定离不开人工智能和大数据。压力容器检验行业具有人才密集和信息密集的特点,利用人工智能和大数据不仅要解决人力的问题,更重要的是解决提高检验水平和科学利用检验信息的问题。

目视检测是压力容器检验、检测活动中最常用的,同时也是最重要的检测方法,是检验活动的基础,同时也是检验过程中其他后续检验检测方法的选取依据。TSG 21《固定式压力容器安全技术监察规程》中规定检验员在定期检验中可根据需要增加检测项目,增加的依据就是资料审查和目视检测结果。同时其他无损检测项目中要求的观察、记录和测量都属于目视检测。

当前承压设备的目视检测主要存在以下几个方面的问题。

（1）检验标准被忽视

目前在各个检验机构中对目视检测的重视程度远远不够，检验机构鲜有专用的目视检测规程及作业指导书，同时目视检测记录及检测报告也零乱不全。在目视检测方面的检验标准只有 NB/T 47013.7《承压设备无损检测 第 7 部分：目视检测》，但是在检验过程中标准执行情况极不理想，检验机构鲜有符合标准 NB/T 47013.7 的检测规程，检验员极少按标准要求在现场对规程进行验证。特种设备的检验除了要求检出缺陷，还要对检出的缺陷进行分析和评判，这方面极其需要专用标准来支撑。

（2）检验水平与行业增长不适应

检验水平参差不齐，主要体现在检验员技术水平相差很大，低水平的检验员有可能会忽略许多有价值的检测信息；同时监察机构及用户也无法对检验过程实施监督；检验机构普遍存在用常规无损检测代替检验等。总体来说，现场缺乏高技术水平的检验员。高水平检验员最重要的作用是对观察到的疑似缺陷进行判断，并根据缺陷的情况选择下一步检验措施。在一个具有数百米焊缝、数十个相关部件的设备中，需要进行判断的也就是几个地方。如何让高级检验人员达到离线观察的条件，是目视检测技术发展需要解决的问题。

（3）检验前的准备不充分

检验前的准备工作直接影响目视检测的程度和质量，如脚手架的搭设程度、检验前的清洗程度、检验前的打磨程度、检验中的照明及检验实施的位置等因素都直接影响检验的质量及缺陷的检出率，但是在这一方面没有统一的要求，使得漏检的现象经常发生。

（4）检验记录不完善

一直以来，检验记录都是一个困扰监察机构和检验机构的大问题，在其他无损检测项目中，这一问题有了很大的改观，但是在目视检测方面，却没有明显的进步。主要是因为目视检测的人为因素相对较多，无法形成统一的记录模式，同时目视检测还存在检测位置标注不清，检测结果记录不完整的问题。这些问题造成了检测机构之间互不信任的现象，检验中发现问题后，由于一家机构难以完全解决问题，使得多家机构在处理问题时重复检验，给用户造成了极大的困扰。

（5）检验评判与设备可靠性脱节

影响设备可靠运行的因素千差万别，在我国的特种设备安全保障体系中，存在重法规、重标准、轻经验、轻技术的问题。同时我国的机构负责制也造成了重机构、轻专家的现象。但是在法规和标准的制定上难以做到面面俱到，将检验结果的评判与设备的可靠性运行结合起来是非常困难的，这就需要权威的专家平台来进行支撑。专家平台的建立还需要多方面的技术突破。

（6）检验信息缺乏评价

在一次全面检验中，按照法规要求可以得到的信息比较多，但是得到的信息如何利用却是法规、标准及检验规程没有解决的问题。因此大量的信息只是放在那里，无法对这些信息进行评价，解决这一问题也需要相关的技术支撑。如果检验能够实现智能化，实现大数据，这一问题将获得很好的解决路径。

（7）检验信息重复利用性差

这一问题的关键是数据的再现。由于现行目视检测活动无数据再现的习惯，而检验规则也无数据再现的要求，压力容器的任何相关方要想了解检测中发现的缺陷都必须亲自去看一看，这使得检验中得到的宝贵信息成为孤立的检验信息，无法得到充分的利用。

接下来本章讨论的重点是，如何利用人工智能和大数据来解决上面所罗列的问题。

7.2　目视检测的程序及要求

为了清楚地描述人工智能及大数据在压力容器目视检测中如何应用，我们先将目视检测的检测程序及相关要求做一个详细的介绍。

1. 检测规程制定

按 NB/T 47013.7 标准要求，检测机构应根据标准制定目视检测规程，规程中需要对观察距离和角度、观察速度、照明条件、观察辅助工具、测量方法、测量器具、对检验员的要求、规程验证、记录规则等要素做详细的规定。

2. 资料审查

通过资料审查了解受检容器的结构特点和使用特点，以及容器在制造过程和使用过程中存在的问题。

3. 制定检验方案

这里的检验方案是针对受检容器的，主要根据资料审查的结果及容器的失效模式制定。方案中应明确规定观察部位及重点观察缺陷。

4. 检验前的准备

勘察受检容器，核实容器的编号及位号，核实容器的清洗置换效果，搭设检验用脚手架，清理受检表面，绘制检测示意图。

5. 验证检测规程

按检测规程的要求在容器上设置人工缺陷，验证检测效果。

6. 实施检测

依照检测方案要求，对受检容器实施检测。其过程就是对检测方案中规定的检测部位进行观察，在检测示意图中标出观察的位置。如果检测中发现缺陷，则应对缺陷进行测量并在示意图中标出，并以有效的手段记录缺陷，出具检测报告。

7. 缺陷记录

按照检测规程要求记录检测中发现的缺陷，并在检测示意图中标注，标注的缺陷应能够保证再次找到缺陷，同时记录中应以照片或其他形式反映缺陷的相关信息。

8. 缺陷评定

本丛书的第二本《压力容器目视检测缺陷评定》一书的重点就是对检出缺陷的评定，书中详细描述了对目视检测可能发现缺陷的三级评定方法。其中一级评定和二级评定方法比较简单，三级评定方法则相对复杂，需要进行一定的复杂运算才能得出评定结果。

9. 缺陷分析

本书的重点就是描述缺陷分析方法，相对于前面检测及评定来说，缺陷分析的复杂程度更高一些。说得明确一些，目前的缺陷分析对人的依赖程度更高，这主要是因为缺陷分析需要的相关知识更广，牵涉的检测手段更多。但是再复杂的过程都是有规律可循的，只要我们能够抓住缺陷分析的主线，就可能让机器代替人来完成缺陷分析的大部分工作。在本书的第 2 章中我们详细介绍了缺陷分析的方法论，阐述了有效的缺陷分析过程，并结合本书第 3 章和第 4 章详细阐述了压力容器常见缺陷的分析过程。总结这些内容，我们发现缺陷分析的大部分工作都是明确的，可直接完成的，只是在归纳推理方面缺乏完整的专家系统，在类比推理方面缺乏全面的案例库。如果将这两个方面完善起来，缺陷分析是完全可能实现自动化的。

10. 处理措施及建议

目视检测缺陷经过了评定和分析的过程，结合大数据就可能实现自动给出缺陷的处理措施和建议。

11. 结果验证

结果验证是完整的检测链中不可缺少的一个环节，但是在目前的检测工作过程中却难以实现。如果借助于人工智能，这一环节将会很好地得到补充。

7.3　目视检测中的人工智能

目视检测中的人工智能首先是视频设备，利用视频设备进行自动观察不是普通意义上的视频录像，而是利用视频设备独立自主地完成检测任务，进而完成上一节中所列的全部检验工作。能够满足这一要求的设备，就是目视检测机器人。下面我们对检测机器人在目视检测方面的要求做一个分析。

1. 检测规则

利用机器人自动实现检验检测，首先要有完备的检验检测规则，这一规则一定要满足现行法律法规及标准的要求，同时还要考虑机器人的工作特点。对于目视检测来说，机器人的检测动作应能够自动按照 NB/T 47013.7 标准要求的检测规程完成对受检容器的观察。满足这一要求的机器人首先必须具有以下功能：

（1）能够识别视力表；

（2）自动测量探头到受检面的距离以及与受检面的夹角；

（3）测量受检面的亮度；

（4）测量需要测量的尺寸参数（如需记录的缺陷尺寸等）；

（5）识别验证规程的人工缺陷。

2. 检测前的准备工作

检测前的准备工作包括资料审查、检测方案制定、检测前的准备等，就是 7.2 中的 2、3、4 步骤。其中资料审查和方案制定需要人工干预，如果我们为机器人设计一个强大的技术支持后台，在绝大多数情况下，这些工作也可以自动完成。这一部分需要机器人具有以下功能：

（1）与支持平台的交互通信；

（2）自身定位；

（3）三维测距；

（4）容器形状识别（获得设备的整体图像）；

（5）自动行走；

（6）绘制检测示意图；

（7）打磨；

（8）设置标准缺陷。

3. 目视检测实施

机器人实施检测主要是对检测方案中指定的检测部位进行观察和记录，这里所谓的观察就是进行视频拍摄，记录就是视频记录。要求机器人具备的基本功能如下：

（1）能够对所有规定检测部位实施检测的顺序进行规划，并自行到达规划的检测部位；

（2）检测中能够自行比对检测规程，保证检测过程符合检测规程要求，如果因为条件限制观察过程无法满足检测规程的要求，则应特别注明，并明确不满足的要素；

（3）能够将检测部位与检测示意图中的标记部位对应；

（4）能够在检测表面制作检测标记；

（5）在视频观察中能够识别缺陷和伪缺陷，这一方面的技术还有待突破；

（6）对发现缺陷的表面能够进行一定的处理（如打磨），

以便于识别缺陷和伪缺陷；

（7）对缺陷表面进行近视距视频观察；

（8）对缺陷进行尺寸测量；

（9）对凹坑类缺陷，机器人应能够测量深度；

（10）在检测面上和示意图中标注缺陷；

（11）出具检测报告，检测报告中应说明依据的检测方案，示意图中应能够看出检测部位，能够清晰地反映缺陷的位置、图像及尺寸；

（12）应具有缺陷报警或提示的辅助功能。

4. 缺陷评定

目视检测机器人能够准确识别检出的缺陷，同时能够精确测量缺陷尺寸，只要增加一定的相关结构尺寸测量功能，机器人完全能够独立完成对缺陷的一级评定和二级评定。对缺陷进行三级评定往往需要进行目视检测之外的其他检测，单一目视检测功能的机器人无法独立完成缺陷的三级评定。如果在目视检测机器人的基础上发展出综合检测机器人，或者目视检测机器人与其他检测机器人联网合作，则可以完成对缺陷的三级评定。

机器人必须具有一级评定和二级评定不合格时的数据上传及报警功能。

5. 缺陷分析

这里又要提到机器人的后台，能够进行缺陷分析的后台应该是一个什么样的呢？缺陷分析的基本数据能够帮助我们建立类比推理用的案例数据库。归纳推理的相关结论可以用来建立分析平台，机器人能够识别所发现的缺陷类型，通过对容器信息的比对，找出容器的工作条件，通过分析平台，初步识别缺陷产生的原因。通过案例数据库找出同类装置出现的同类缺陷及其产生原因和处理措施。两种结果可进行比对，如果结果重合，则分析结果可信；如无法重合，则报警提示做进一步的分析。进一步的分析结果后台可通过学习功能自行补充，同时后台可给出验证分析结果需要追加的检测手段及判别方法，同时可给出处理措施及建议。借助综合检验机器人，完全能够实现自动的缺陷分析。

本文中我们多次提到机器人的后台问题，在这里我们展开讨论一下机器人的后台应该是什么样子的。梳理本丛书中的内容，我们提到机器人后台的作用共有以下几个方面。

1. 压力容器综合管理

借助现有管理平台，同时具有地理管理信息及装置管理信息。

2. 缺陷信息识别与存储

能够对压力容器的各种缺陷进行识别和测量，同时还有自学习能力；能够存储缺陷图像，如果存储设备容量足够，最好能够存储检测全过程视频；还要能够准确记录缺陷位置，保证缺陷完全再现。

3. 缺陷评定系统

缺陷评定的前提是对缺陷的准确识别，前面已经解决了缺陷识别的问题，缺陷评定系统的任务就是对已通过识别和测量的缺陷进行评定。本丛书的第二本《压力容器目视检测缺陷评定》一书详细描述了缺陷的三级评定方法。无论哪一级评定都是以现有法规和标准为基础的，因此人工智能的缺陷评定系统应该包括所有相关法规标准与评定有关的内容，包括评定的算法。系统首先对缺陷进行一级评定，如果一级评定不能通过，则提示检验员进行二级评定需要补充的相关数据，并说明数据来源及数据获得方法。具有人工智能的缺陷评定系统应能够在容器资料平台中找到已有的补充数据，并显示给检验员。数据补充完成后系统进入二级评定。如果二级评定仍未通过，则提示检验员进行三级评定需要补充的相关数据，并说明数据来源及数据获得方法。检验员在征得用户同意的情况下可以选择通过补充检验，完善需要补充的数据进行三级评定，或者直接进入缺陷分析系统进行缺陷分析。如果三级评定仍未通过，则应进入缺陷分析系统进行缺陷分析。在相关法规标准发生变化时，缺陷评定系统应及时更新以保证评定结果的有效性。

4. 缺陷分析系统

缺陷分析系统最主要的任务就是进行缺陷分析，本书在第2章中详细讨论了缺陷分析的方法及程序，并在后面的两章中详细介绍了两种缺陷的具体分析方法和分析程序。从这几章介绍的内容中我们看到进行缺陷分析需要附加检验和对各种缺陷形成机理的掌握。对于附加检验来说需要科学合理，如何选择科学合理的附加检验也需要对各种缺陷形成机理的掌握。可是对于一个检验员来说，掌握各种缺陷的形成机理谈何容易，因此缺陷分析系统中应建立所有已知缺陷形成机理的汇集，也可以称为失效机理集合。任何缺陷的产生都是有条件的，换句话说只要满足了缺陷产生的条件，缺陷就会产生。从事这一方面研究的科学家很多，并产生了大量的成果，我们完全有能力将这些研究成果汇集到我们的缺陷分析系统之中。缺陷分析系统应能够根据识别的缺陷及容器的结构特点和使用条件自动对可能的缺陷形成原因进行筛选，并根据筛选结果给出附加检验方案，最后结合附加检验的结果完成缺陷分析。

所谓完成了缺陷分析指的是找出了缺陷形成的原因，汇集了科学家智慧的缺陷分析系统还可以给出缺陷的处理建议。同时缺陷分析系统还应具备自学习能力，能够将失效分析方面最新的研究成果在系统中及时更新。

5. 缺陷案例

分析缺陷的目的是为了处理缺陷，因此缺陷分析结果的正确性是至关重要的。错误的分析结果如果用于缺陷处理，则可能带来完全相反的处理效果。如何判断分析结果的正确性呢？最令人信服的判断方法就是比较处理过的案例。如果我们建立了失效案例系统，则为判定分析结果的正确性提供了强有力的工具，同时也为压力容器用户提供了强有力的决策依据。

失效分析案例系统应能够自动找出与所分析的缺陷压力容器同类装置、同用途及类似使用条件的案例。判定是否属于同一缺陷类型，是否处于接近的位置，分析的结论是否得到验证，与缺陷分析系统分析的结果是否一致。如果一致则印证了系统的分析结果，否则应人工检视分析结果，找出造成不一致的原因，并用人工分析结果修正缺陷分析系统和缺陷案例系统。

6. 分析结果验证

含缺陷的压力容器经过缺陷分析后都要做相应的处理，大多数情况下检验机构进行到这一步工作就结束了，而随后用户采取的行为往往与检测过程脱节，这就造成了检验过程的不完整。检验机构应刻意记录用户的处理结果。人工智能的后台在下次检验时应能够自动识别经过分析的容器，并用新的检验结果与上次分析的结论进行比对。如果检验结果符合分析结论，则分析结果验证通过，否则说明分析结论有误，应重新分析，经过验证的案例可通过自学习功能修正缺陷分析系统和缺陷案例系统。

从上面的介绍中我们看到勾勒出的人工智能检验功能已相当强大，这样强大的功能不仅仅适用于压力容器的目视检测，稍加扩展就能够适用于压力容器的整个检验体系，因此在设计这个后台系统时应考虑压力容器全生命周期中的所有检验工作。